我们不是握着机器的机器。在拍摄前，要思考；在拍摄时，要思考；拍摄之后，我们也应该思考。

马克·吕布
Marc Riboud

纯静

光圈F2
感光度1600
焦距50mm
快门速度1/100s

玉带流苏

光圈F11
感光度100
焦距16mm
快门速度1.3s

妩媚多姿
光圈F7.1
感光度100
焦距35mm
快门速度1/125s

数码摄影完全自学教程

摄影大讲堂

神龙摄影 编著

人民邮电出版社
北京

Preface

前　言

数码摄影技术发展至今天，数码相机早已成为千家万户的必需品之一，卡片机、单反相机、单电相机也是大家耳熟能详的名词。然而，近年来智能手机在摄影功能上的不断进步，让许多人开始高呼手机取代相机。事实上，一边是数码相机凭借过硬的硬件性能为用户提供了拍摄体验，一边是厂商通过优化手机摄影成像的算法为用户提供的拍摄效果，至少目前手机摄影的画质比起专业相机，差距还是十分巨大的。对于喜欢并想学习摄影的人来说，拿起相机，扎实地学习摄影知识才是正道，在这个过程中，你会发现更多的乐趣——这远非使用手机或手机上的那些美图APP所能比拟的。

对摄影初学者来说，选择一本通俗易懂、图文并茂的摄影参考教程是很有必要的。本书采用简洁易懂的语言，深入浅出地讲解摄影爱好者必须掌握的基础拍摄知识，帮助读者在较短的时间内全面掌握实用的拍摄技巧和简单的后期技法，从而为其创作出高质量的摄影作品打下良好基础。

本书的撰写得到了很多著名摄影家、资深摄影师的大力支持——摄影家李许林、徐忠东、吕小川，摄影师郭锐、朱玲、周文彦、李静馨、商志利、孙壮、于伯阁、赵秋明、张运彬、李文、李建聪等。正因为有众多摄影师提供了丰富多彩的优秀摄影作品，本书才更加精彩，在此向他们表示致敬和感谢。

本书由神龙摄影团队的孙连三、王鹏、孙屹廷等编著。本书内容经作者反复修改，力求严谨，但仍可能存在诸多不足之处，恳请读者批评指正。

目 录 Contents

第1章 相机、镜头与配件

本章介绍了相机、镜头和配件的类别，以及拍摄各类题材使用的镜头，并教会大家正确拍摄一张照片的基础操作。

第2章　拍摄一张照片的6个步骤

本章介绍拍摄一张照片的6个步骤。每一步都分目的、类别、场景、环境等因素给拍摄者提供了不同的操作选择，拍摄者可根据自己的想法对应选择每一步的操作方法。操作步骤设置的先后顺序并非固定不变，拍摄者可以结合自己的拍摄习惯灵活调整。

第3章 一学就会的构图法

本章介绍了常见的构图方法，在介绍具体的构图方法时采用了正反对比的方法来讲解，即对比在同一场景下遵循和不遵循构图法则所拍摄的画面的差异，以此强调遵循构图法则的重要性。

第4章 色调与光线

以作品解读的方式，介绍常见的照片色调效果和用光技巧。通过借鉴这些好作品的色调和用光技巧，使拍摄者先学会模仿，然后逐步创新提高。

第5章 人像摄影

本章首先介绍了人像摄影的8个基本要点，帮助拍摄者理清思路，掌握人像摄影的基本要点；然后结合前面的知识点，包括相机参数设置、构图、用光和色彩等，详解了多种室外、室内和夜景人像的具体拍摄思路和拍摄方法。

第6章　儿童摄影

本章首先介绍了儿童摄影的8个基本要点，帮助拍摄者理清思路，掌握儿童摄影的基本要点；然后结合前面的知识点，包括相机参数设置、构图、用光和色彩等，详解了软萌婴儿照、室内和室外儿童照以及儿童合影的具体拍摄思路和拍摄方法。

第7章　风光摄影

本章首先介绍了风光摄影的8个基本要点，帮助拍摄者理清思路，掌握风光摄影的基本要点；然后精选了10种常见的风光拍摄题材，详解了具体的拍摄思路和拍摄方法。

第8章 人文摄影

本章首先介绍了人文摄影的8个基本要点，帮助拍摄者理清思路，掌握人文摄影的基本要点；然后以舞台照、组照和人文纪实照片为例，详细讲解了具体的拍摄思路和拍摄方法。

第9章　其他类别摄影

本章以案例的形式介绍了上述类别以外的其他类别摄影的方法和技巧。在介绍这些案例时，一些重复性的内容或操作方法不做详细介绍，只介绍该案例中特有的一些技法。

第10章　快速后期

本章介绍一些简单易懂的后期调片方法（通常只需几步就可以完成操作），以帮助拍摄者快速修出好照片。这一章只介绍简单的调片方法，复杂、专业一些的调片方法在《摄影大讲堂 数码摄影后期完全自学教程》一书中介绍。

第 1 章

相机、镜头与配件

1.1 认识相机

摄影爱好者学习数码摄影的第一步就是要熟悉手中的相机。常见的相机主要分为数码单反相机和微单相机两大类。

1.1.1 数码单反相机

数码单反相机，全称是数码单镜头反光相机，缩写为DSLR（Digital Single Lens Reflex），它是用一只镜头反光取景的相机。所谓“反光”是指相机内一块平面反光板将两个光路分开：取景时反光板落下，将由镜头进入相机的光线反射到五棱镜，再到取景器目镜；拍摄时反光板快速抬起，光线可以照射到感光元件（CMOS）上。其工作原理如下所述。

01 取景时，由镜头进入相机的光线都被反光板向上反射到五棱镜，再反射至光学取景器目镜窗口，拍摄者可直接在取景器中看到来自相机镜头前的影像。由于快门闭合，没有光线到达感光元件。

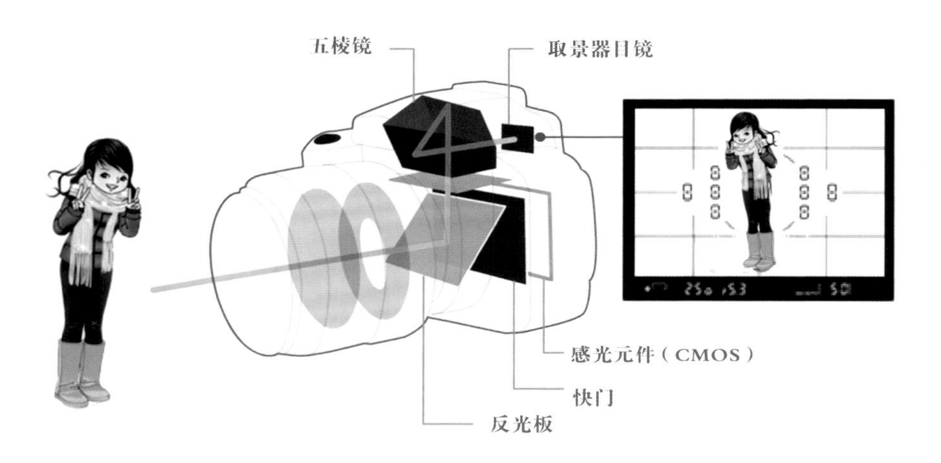

02 当完全按下快门按钮时，反光板迅速向上翻起，此时快门幕帘打开，通过镜头的光线投射在感光元件（CMOS）上。

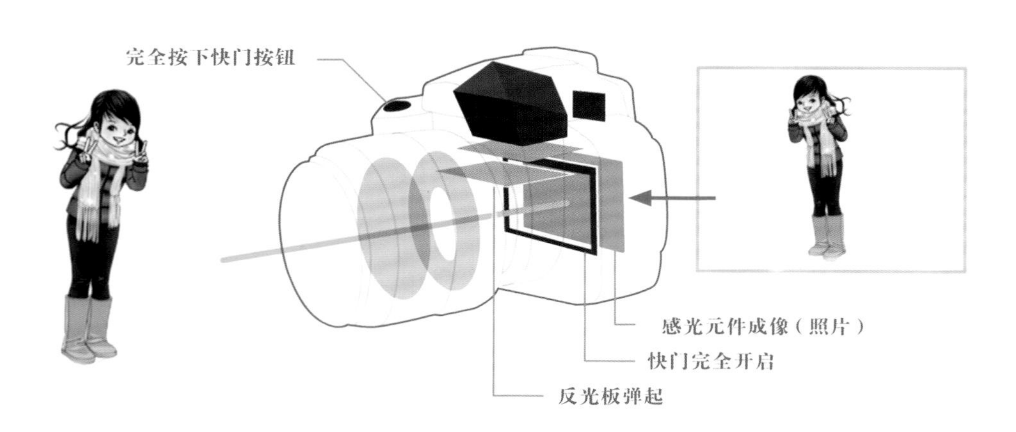

目前市面上常见的数码单反相机品牌有佳能和尼康。

佳能77D数码单反相机

尼康D750数码单反相机

1.1.2 微单相机

微单相机是指无反光板、采用电子取景（EVF）、可更换镜头、具有与数码单反相机相同功能的数码相机。由于微单相机取消了光学取景器和反光板单元，从而实现了机身的小型化和轻量化，便于携带，深受摄影爱好者的欢迎，因此微单相机的市场发展很快。目前市面上常见的微单相机品牌有索尼、富士、佳能、尼康、奥林巴斯和松下等。

索尼α7Ⅲ微单相机

富士X-T20微单相机

佳能EOS M5微单相机

尼康Z7微单相机

1.1.3 影响数码相机性能的重要参数

1. 感光元件的尺寸

数码相机的核心成像部件主要是感光元件，也称为CMOS（互补性氧化金属半导体）器件。

画幅与感光元件的关系

根据感光元件的尺寸大小，我们将数码相机分为全画幅和非全幅（APS-C）两种。

全画幅数码相机的感光元件尺寸大（36mm×24mm）；APS-C画幅的感光元件尺寸小（23mm×15mm），是全画幅感光元件尺寸的40%。这两种尺寸的感光元件各有特点，全画幅相机凭借其感光元件尺寸大、成像质量好的优势，主要用于中高端机型；APS-C画幅的感光元件尺寸小，成像质量不如全画幅，但是具有小型化、低成本的优点，主要用于中低端机型。

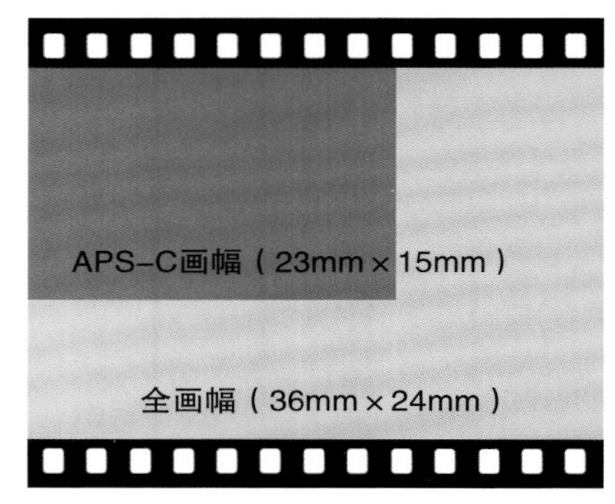

不同画幅感光元件的尺寸大小示意图

画幅与视角的关系

视角是指从感光元件（也叫像方焦平面）对角线的两端至镜头主点连线之间的夹角，以角度表示在像方焦平面上被摄体的成像范围。

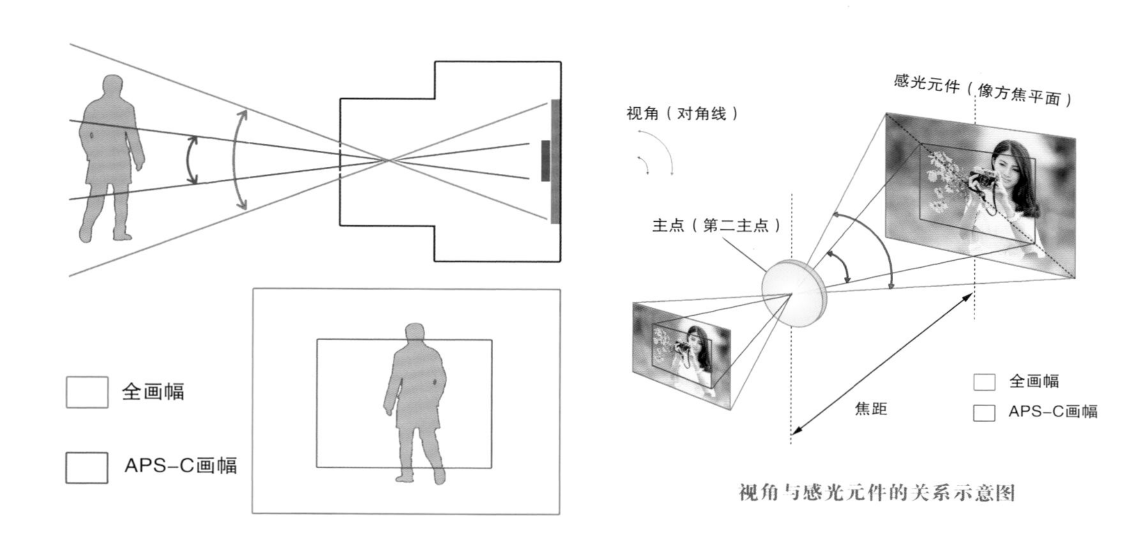

视角与感光元件的关系示意图

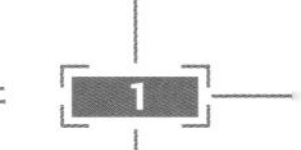

从前面的图中可以看出：在镜头主点至像方焦平面的距离（即镜头的焦距）相同的情况下，全画幅相机的感光元件尺寸大、视角广，相机的取景范围大；APS-C画幅相机的感光元件尺寸小、视角窄，相机的取景范围小。因此，APS-C画幅相机要想得到和全画幅相机相同的取景范围，就需要使用焦距更短的镜头。

为了使两种画幅的相机在焦距上有可比性，各相机厂商都提供了自己的镜头转换系数（即在视角相同的情况下，全画幅镜头焦距除以APS-C画幅镜头焦距的值）。由于除了全画幅相机以外，各相机厂商的APS-C画幅的感光元件尺寸不太一样，因此各相机厂商的镜头转换系数也不尽相同。佳能APS-C画幅的转换系数大约为1.6，尼康、索尼和宾得APS-C画幅的转换系数大约为1.5。例如，在佳能APS-C画幅相机上使用50mm焦距的镜头可以获得全画幅相机上焦距为80mm的视角。

下面两幅照片为使用同一镜头，在焦距不变，镜头与被拍摄主体之间的距离不变的情况下，分别使用全画幅和非全画幅相机拍摄，从而可以看出成像范围差异。

焦距50mm，拍摄距离3m，使用全画幅相机拍摄

焦距50mm，拍摄距离3m，使用非全画幅相机拍摄

2. 像素

像素与照片尺寸的关系

像素代表照片的分辨率，像素越高，获得的照片尺寸越大，例如尼康D810的像素为3635万像素，可以获得照片的最大尺寸为7360mm×4912mm。相比低像素的数码相机，使用高像素数码相机更便于我们裁切照片，进行二次构图。

像素与感光元件、画质的关系

在相同的像素（如3000万像素）下，感光元件尺寸越大，单个像素的感光面积就越大，能捕获的光子就越多，记录的暗部细节和亮部细节就越丰富，其画质也就越好。这就是全画幅数码相机画质好的主要原因之一。

相同尺寸的感光元件，其像素越高，单个像素的感光面积就越小，受到的干扰就越大，噪点也就越大，画质反而会下降。因此，购买数码相机时不能一味追求高像素。

3. 对焦系统

衡量对焦系统强弱的指标其实很简单，一是快，二是准。想要实现又快又准的对焦效果，一要看对焦点的数量（即对焦点数），二要看对焦点的对焦精度。

对焦点数

对焦点数是指在取景器里所能看到的对焦点的数量，对焦点数是越多越好，对焦点越多，构图越方便。

对焦点数多，对焦后不移动或者轻微移动相机即可完成构图，不易跑焦

对焦点数少，对焦后需要移动相机才可以完成构图，容易跑焦

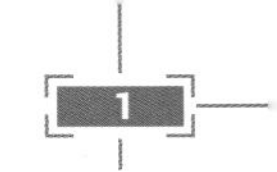

对焦精度

对焦点分十字型对焦点和一字型（纵、横）对焦点两种。十字型对焦点对横、竖方向都敏感，对焦准确；而一字型（纵、横）对焦点只对单向（纵、横）敏感，没有十字型对焦点准确。因此对焦精度的强弱主要看十字型对焦点数的多少。不同型号的数码相机，其对焦点的多少和位置都不完全一样，十字型对焦点和一字型对焦点的分布也不同，具体分布位置请参见相机的说明书。

4. 高感性能

感光度（ISO）越高，画面噪点越多，画质越差。如果经常拍摄弱光环境下的题材，高感光度性能的强弱就显得很重要。实际应用中我们会发现，虽然入门级、准专业级、专业级数码相机的标准感光度范围相差不大，大致为 100～12800，但是它们的实际性能差别很大。专业级数码相机的高感光度性能都很优秀，其高感光度下的低噪点画质能控制得很好，感光度在达到6400甚至12800时都是可用的；准专业级数码相机的高感光度性能居中，当感光度超过3200时，画面中的噪点就较难令人接受了；入门级数码相机的高感光度性能弱一些，当感光度超过1600时，画面中的噪点就比较多了。

使用低感光度ISO 100拍摄的照片噪点少，画质好

使用高感光度ISO 1600拍摄的照片噪点多，画质一般

5. 连拍速度

数码相机的连拍速度以每秒拍摄照片的张数来表示，连拍速度越快，越容易捕捉到精彩的瞬间。好的数码相机连拍速度可以达到每秒6~14张，入门级的数码相机连拍速度慢一些，为每秒3~5张。

使用每秒4张连拍速度抓拍的效果

1.2 认识镜头

数码相机的成像效果很大一部分取决于镜头，镜头对数码相机来说是非常重要的。初学者要想学好数码摄影，就需要掌握镜头的基本知识、使用方法，以及不同类型镜头的特点。

1.2.1 镜头的装卸方法

在更换镜头时，由于机身内部会暴露出来，所以在操作时是无法避免灰尘进入的。即使相机有清洁图像传感器的功能，也应该将机身镜头卡口朝下，迅速更换镜头。

扫码看视频

01 取下机身盖和镜头的后盖，准备安装镜头。

02 将镜头的红色标志与机身的红色标志对齐，缓慢、平稳地将镜头安装于机身。

03 镜头插入机身后，沿顺时针方向(面向相机正面)旋转镜头，听到“咔”的声音，说明安装的镜头已锁定。

1.2.2 镜头的四项重要参数

1. 口径

相机镜头前端都有明显的螺纹，这圈螺纹的口径就叫作镜头口径。由于成本、售价、焦距和产品定位的不同，镜头的口径规格是不相同的，常见的口径尺寸有52mm、58mm、62mm、72mm、77mm和82mm等。镜头口径越大，通光性越好。

尼康镜头口径为72mm

佳能镜头口径为67mm

索尼镜头口径为77mm

2. 光圈

光圈是控制光线进入镜头的装置，光圈大小以F值表示。镜头上标注的光圈值是指该镜头能使用的最大光圈。定焦镜头采用单一数值表示，如索尼50 1.4镜头上的F1.4。变焦镜头分为两种：恒定光圈和浮动光圈。恒定光圈如尼康AF-S 16-35mm F4G 镜头上的F4，是指该镜头在16~35mm的每一个焦段都可以使用最大为F4的光圈值来拍摄；浮动光圈如佳能EF-S 17-85mm F4-5.6 镜头上的F4-5.6，其中F4表示焦距为17mm时能使用的最大光圈，而F5.6表示焦距为85mm时能使用的最大光圈，当焦距在17~85mm变化时，最大光圈值也会随之在F4至F5.6之间变化。这里要记住：通常情况下，光圈越大越好，恒定光圈比浮动光圈好。关于光圈的更进一步介绍参见2.2.1小节。

索尼50 1.4 ZA

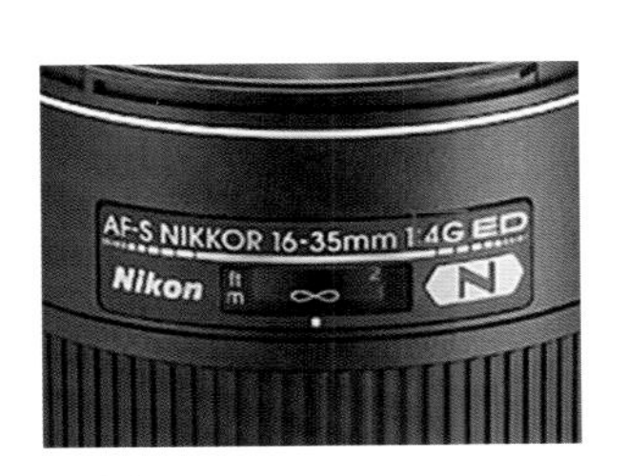

尼康AF-S 16-35mm F4G

佳能EF-S 17-85mm F4-5.6 IS USM

3. 焦距

在1.1.3小节中，我们介绍了什么是镜头的焦距。在镜头上标注的文字中，“mm”前面的数字就是该镜头的焦距范围。如果只有单一数字，则表示该镜头是定焦镜头，其焦距是固定的，如佳能EF 50mm F1.8 镜头上的50mm就是该镜头的焦距；如果是两个数字（数字之间用“-”连接），则表示该镜头是变焦镜头，其焦距是可变化的，可在最小值到最大值之间任意变化，如佳能EF-S 18-135mm F3.5-5.6 镜头上的18-135mm就是该镜头的焦距范围。

变焦镜头上会有一个变焦环，左右转动变焦环可以在该镜头的焦距范围内改变焦距；而定焦镜头由于焦距固定，无法进行变焦，就没有变焦环。

焦距不同带来画面视角的差异

镜头的焦距不同，画面的视角就会不同，实际拍摄出的画面给人的视觉印象也会不同。下面一组照片是分别使用24mm、70mm和120mm焦距拍摄的。在相机位置不变的情况下，焦距越长，视角越窄，拍进画面的景物范围也越窄，被摄体成像就会越大；焦距越短，视角越广，拍进画面的景物范围也越广，被摄体成像就会越小。因此，在拍摄距离固定的情况下，我们可以通过改变焦距来自由变换拍摄范围和被摄体成像的大小。

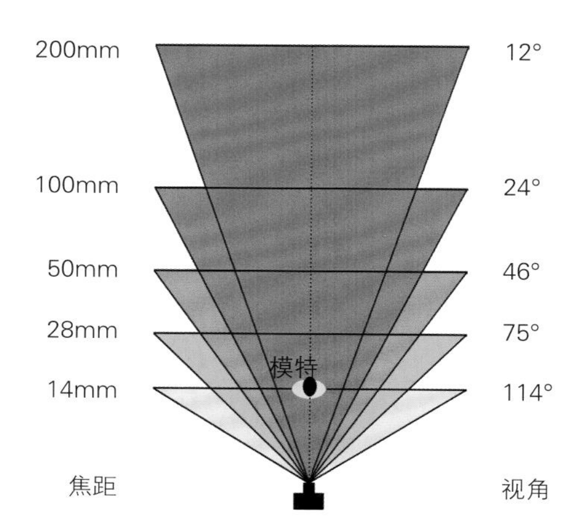

焦距为24mm时的取景范围

焦距为70mm时的取景范围

焦距为120mm时的取景范围

焦距不同带来画面纵深感的差异

焦距的差异所带来的视觉效果变化不仅限于画面视角，与被摄体和背景之间的距离感（纵深感）也密切相关。下面3张照片是在人物大小不变的情况下，使用不同焦距，移动相机位置拍摄得到的。我们可以看到，随着焦距变长，拍进画面的范围逐渐变窄，同时背景也被放大，让人有一种背景离相机越来越近的感觉（纵深感越来越弱），视觉上会产生焦距越长、背景越近的错觉。拍摄者可充分利用这一特性来自由控制画面纵深感的强弱，以营造不同的画面效果。

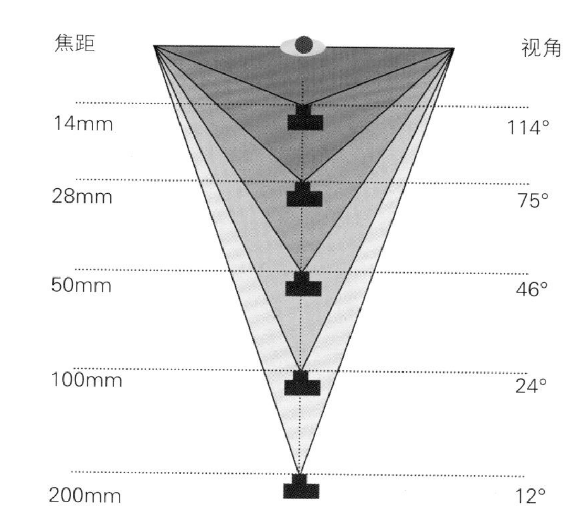

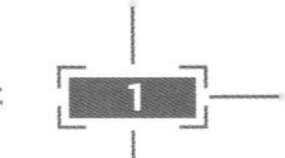

焦距为35mm时的纵深感

焦距为115mm时的纵深感

焦距为200mm时的纵深感

小提示

最近对焦距离是指镜头可以对焦的最短距离，镜头无法在短于最小对焦距离的位置对焦。注意：使用数码相机时，测量与拍摄对象间的距离是从相机机身上的焦平面标记开始而不是从镜头前部开始的。在实际拍摄中，了解镜头可贴近拍摄对象进行对焦的最短距离，对拍摄者来说是非常有用的。

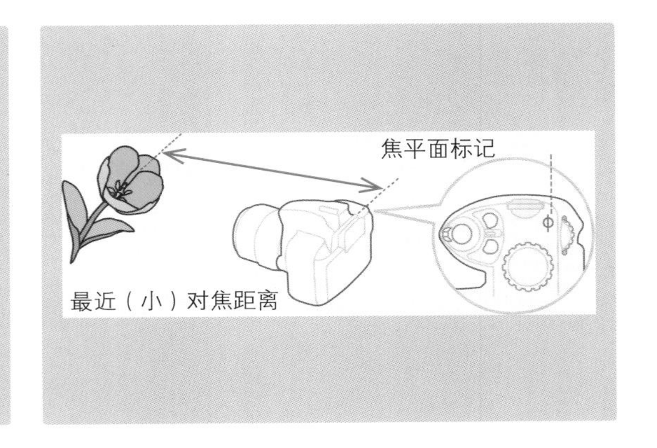

4. 防抖

镜头防抖技术解决了拍摄者手持相机抖动所造成的成像模糊问题，其原理是通过一组矫正镜组对因抖动产生的光路偏移进行矫正。开启防抖功能让拍摄者在镜头安全快门速度之下也可以得到清晰的照片。有关安全快门速度的内容请参见2.2.2小节。

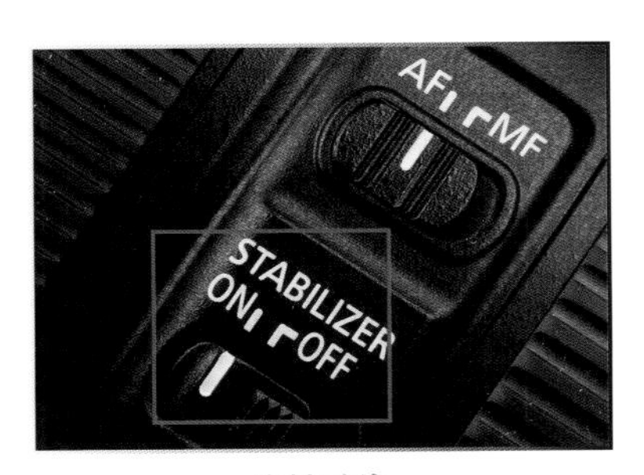

防抖开关

1.2.3 选择变焦镜头还是定焦镜头

镜头按照焦距是否可变分为定焦镜头和变焦镜头两类。定焦镜头不如变焦镜头方便，拍摄取景时需要不断走动才能实现取景范围的改变，而变焦镜头只需要旋动变焦环就能实现。那么是不是在任何情况下都应该选择变焦镜头？事实上，这两类镜头各有利弊，究竟选择变焦镜头还是定焦镜头需要根据不同的拍摄需要、拍摄题材来确定。

1. 变焦镜头：焦段丰富，适合“一镜走天涯”

变焦镜头的焦段丰富，例如尼康AF-S 28-300mm F3.5-5.6G ED VR就涵盖了从广角到长焦的多个焦段，非常适合外出旅游时携带。变焦镜头由于要控制镜头的体积和重量，因此在画质上有所妥协，成像效果不及同规格的定焦镜头。

尼康AF-S 28-300mm F3.5-5.6G ED VR

2. 定焦镜头：具备更大的光圈，适合拍摄人像和星空

定焦镜头具备更大的光圈，例如佳能EF 50mm F1.4 USM的最大光圈为F1.4，该镜头非常适合拍摄背景虚化的人像照片。

光圈F2
感光度200
焦距50mm
快门速度1/250s

再比如适马ART 20mm F1.4 DG的最大光圈为F1.4，该镜头非常适合拍摄弱光环境下的星空题材。

光圈F1.8
感光度1600
焦距20mm
快门速度30s

1.2.4 广角、中焦、长焦镜头分别用来拍什么

不同焦段的镜头适用于不同的拍摄题材，例如广角镜头更适合拍摄风光、建筑类题材，中长焦镜头更适合拍摄人像照片，当然这种区分也不是绝对的，下面我们分别介绍不同焦段镜头的具体应用。

1. 拍摄风光首选之广角镜头

广角镜头又被称为“短焦距镜头”，分为普通广角镜头和超广角镜头两种。普通广角镜头的焦距一般为24～38mm，视角为60°～84°；超广角镜头的焦距为14～20mm，视角为94°～118°。广角镜头根据焦距是否可变，又可分为广角定焦镜头和广角变焦镜头。

尼康AF-S 24mm F1.4G ED广角定焦镜头

佳能EF 16-35mm F2.8L II USM广角变焦镜头

光圈F20 | 感光度320 | 焦距17mm | 快门速度61s

广角镜头的视野宽阔，比人眼看到的景物范围大得多，同时具备大景深的特点，可以将远景和近景都拍摄得很清楚。广角镜头能强调画面的透视效果，并且善于夸张前景和表现景物的远近感，这有利于增强画面的视觉冲击力。

除了拍摄风光，广角镜头也可以用于拍摄人像照片，例如左图使用广角镜头低角度仰拍可以将人物身材拍得很修长。另外广角镜头也适合于拍摄婚礼等场合的多人合影照片。

光圈F18
感光度200
焦距16mm
快门速度1/200s

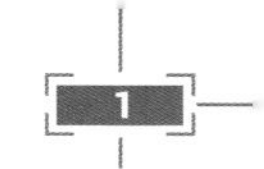

2. 人文纪实之35mm镜头

35mm镜头有“人文之眼”的称号，属于透视变形不严重的小广角镜头，其特点是近可攻，远可退，可以近距离拍摄人物，也可以远距离拍摄风景。在拍摄人文纪实类作品时，35mm镜头由于可以包含更多的环境信息，因此能起到讲故事、烘托主体人物的作用。

光圈F2 | 感光度1000 | 焦距35mm | 快门速度1/125s

适马35mm F1.4镜头

另外，35mm镜头还经常用于拍摄室内私房人像写真。

光圈F7.1 | 感光度100 | 焦距35mm | 快门速度1/125s

光圈F8 | 感光度100 | 焦距50mm | 快门速度1/160s

3. 视角平实之标准镜头

标准镜头通常是指焦距为40～55mm的镜头，它是所有镜头中一种最基本的摄影镜头。标准镜头又分为标准定焦镜头和标准变焦镜头（包含50mm焦距的镜头）。

使用标准镜头拍摄的影像接近人眼看到的景象，其透视关系接近于人眼所感觉到的透视关系，所以能够逼真地再现被摄体的真实特征。由于标准镜头给人以纪实性的视觉效果，所以在实际拍摄中的使用频率很高。

尼康AF-S 50mm F1.4 G

4. 人像首选之中焦镜头

常用的中焦镜头包括85mm、105mm、135mm等焦段镜头，中焦镜头拍摄人像的优点是变形较小，配合大光圈可以获得极佳的背景虚化效果。

佳能EF 85mm F1.2 L II USM定焦镜头

光圈F2 | 感光度100 | 焦距135mm | 快门速度1/400s

5. 用途广泛的长变焦镜头

长变焦镜头具备望远功能，可以压缩画面的空间感，其用途较为广泛，最经典的莫过于各相机厂家推出的焦距为70～200mm镜头，我们既可以用它拍摄人像写真，也可以用它拍摄花花草草，当然还可以用它拍摄风光美景。

佳能EF 70-200mm F2.8L IS II

光圈F3.2 | 感光度100 | 焦距200mm | 快门速度1/1000s

光圈F8 | 感光度200 | 焦距130mm | 快门速度1/2000s

1.2.5 微距、鱼眼、移轴镜头分别用来拍什么

除了上述常用的摄影镜头外，我们在拍摄一些特殊题材的照片时，需要选择专门的镜头。例如，拍摄微距照片时，需要使用微距镜头；拍摄建筑类照片时，为了避免变形，需要使用移轴镜头；等等。

1. 不仅能拍花虫的微距镜头

尼康AF-S VR 105mm F2.8G IF-ED 微距镜头

微距镜头能把主体的细节纤毫毕现地表现出来，主要用于拍摄十分微小的物体，如花卉、昆虫、静物等。

常见的微距镜头有50mm、60mm、85mm、90mm、100mm、105mm、125mm、180mm等不同的规格。不同规格的微距镜头有不同的用途，比如，焦距为50～60mm的镜头可以在一般的翻拍台上对一份A4大小的文件进行拍摄；但是如果换用了一支180mm焦距的微距镜头在同样的条件下拍摄，相机就必须距离文件很远，小型的翻拍台就没有办法满足这种要求。如果希望利用微距镜头拍摄一只昆虫的特写照片，同时又不想惊动它的话，长焦距的微距镜头是最好的选择。除了拍摄昆虫花卉类照片，微距镜头的浅景深、锐利表现也适用于拍摄人像照片。

光圈F11 | 感光度160 | 焦距100mm | 快门速度1/160s

光圈F2.8 | 感光度400 | 焦距105mm | 快门速度1/400s

2. 视角夸张的鱼眼镜头

鱼眼镜头是一种焦距短于16mm并且视角接近或等于180° 的极端广角镜头。为达到最大的摄影视角，这种镜头的前镜片呈抛物状在镜头前部凸出，与鱼的眼睛颇为相似，因此而得名“鱼眼镜头”。

佳能EF 8-15mm F4L USM 鱼眼镜头

众所周知，焦距越短，视角越大，因光学原理产生的变形也就越强烈。为了达到180° 的超大视角，鱼眼镜头的设计者不得不做出牺牲，即允许这种变形（桶形畸变）的合理存在，其结果是除了画面中心的景物比例关系保持不变外，其他本应水平或者垂直的景物都发生了相应的变化。也正是这种强烈的视觉效果为那些富于想象力和勇于挑战的摄影者提供了展示个人创造力的机会。

光圈F2.8 | 感光度500 | 焦距15mm | 快门速度1/125s

3. 没有变形的移轴镜头

移轴镜头是一种可实现倾角与偏移功能的特殊镜头，其主要目的是调整透视变形，它的对焦方式只有手动对焦一种。通过使用倾角与偏移功能向各种角度和位置转动镜头，可以移动合焦面或对被摄体的形状进行补偿。

移轴镜头主要用来拍摄建筑，例如当用广角镜头拍摄高大建筑物的时候，会拍出“下大上小”的汇聚效果，整个建筑物像是被压缩了，建筑物的顶端聚到了一起，呈现出建筑物要倒下来的效果。如果换上移轴镜头，拍出来的建筑物就没有变形。

普通镜头（上）与移轴镜头（下）拍摄效果对比

尼康45mm F2.8D ED

佳能 TS-E 24mm F3.5L II

移轴镜头除了主要用于建筑摄影及广告摄影外，目前也被用来创作变化景深聚焦点位置方面的摄影作品，其照片效果就像是缩微模型一样，非常特别。

光圈F11
感光度100
焦距200mm
快门速度4s

1.3 常用的配件

在日常拍摄中，我们最常用到的摄影配件包括存储卡、三脚架、快门线和滤镜，下面分别进行详细介绍。

1.3.1 存储卡

目前最常见的存储卡分为SD卡和CF卡。如何选择合适的存储卡呢？首先要查看手中的相机，看其支持什么样的存储卡；其次要从存储容量、读取速度、写入速度和价格等指标来选择。

SD卡

SD存储卡是一种基于半导体快闪记忆器的记忆设备，具备体积小、数据传输速度快、支持热插拔等优良的特性。主流的存储容量有32GB、64GB、128GB和256GB等，如图所示的SD卡上的64GB表示当前的存储容量为64GB；SD卡上的95MB/s代表读取速度，读取速度越快，意味着我们从SD卡往电脑上传输照片所需要的时间越短，现在主流的SD卡读取速度为80~100MB/s。除了上述两项重要指标外，还有一项重要指标就是写入速度，更快的写入速度可以缩短存储卡存储照片的时间，例如我们在进行高速连拍时，90MB/s的写入速度肯定要快于40MB/s的写入速度，目前主流的SD卡写入速度为70~90MB/s，SD卡的具体写入速度可参看SD卡的说明介绍。

SD卡

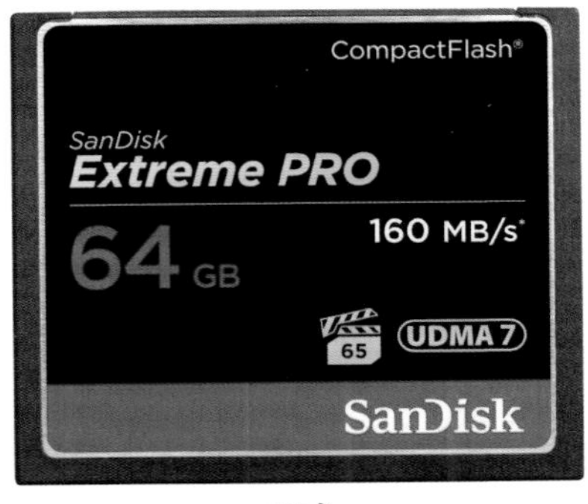

CF卡

CF卡

CF的全称为“Compact Flash”，意为“标准闪存”。相比SD卡，CF卡具备更好的安全性，更快的读取和写入速度，现在CF卡主流的读取速度为120~160MB/s，写入速度为85~150MB/s。

1.3.2 三脚架

很多摄影者在购买数码相机时常常认为三脚架是可有可无的配件，然而实际上很多成功的拍摄都离不开三脚架的帮助。三脚架最主要的作用就是稳定相机，常用于拍摄慢门、合影、微距、使用长焦距镜头拍摄等场合。三脚架需要和云台组合使用，云台用来控制相机全方位的角度，以方便摄影者从不同的角度进行拍摄。

下面介绍选购三脚架和云台时需要关注的一些问题。

①承重能力。一般来说三脚架都有一个最大承重数值，指的是在保持稳定的前提下其所能承受器材重量的上限。假如摄影者手上的器材总重5kg，那就需要选购承重能力在5kg以上的三脚架，否则就会产生支持不稳定的情况，影响使用。同时还要注意，三脚架的承重能力包括了脚架承重以及云台承重两个部分，例如在一个三脚架组合中，脚架承重10kg，云台承重8kg，这个组合的承重能力就是8kg，脚架承重应该比云台承重略高，因为云台本身也是有一定重量的。

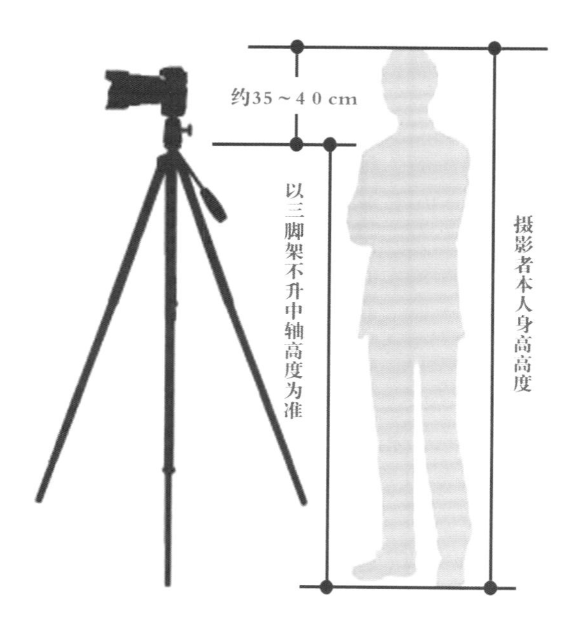

②脚架高度。三脚架的高度主要取决于脚管的长度、节数以及其他一些设计，衡量其性能一般用到三个指标：最高高度、不升中轴高度以及最低高度。最高高度就是三脚架所有脚管都展开并将中轴提升到最高点时能达到的高度上限。因为提升中轴多少都会对三脚架的稳定性有一定的影响，所以在选择三脚架时应根据不升中轴的高度和自己的身高来考虑三脚架高度。根据一般规律，三脚架不升中轴也不含云台的最大高度，应该以拍摄者的身高减去35~40cm为宜，如137cm的三脚架不升中轴最大高度应该正好可以满足身高170~175cm的拍摄者使用。三脚架最低高度一般是30~40cm，如果最低高度过高，在一些特别情况下，如微距拍摄、低角度拍摄时，相机就不能贴近地面，拍摄效果会受到一定的影响。不过现在很多三脚架都可以中轴倒置，如

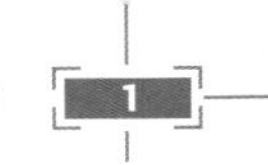

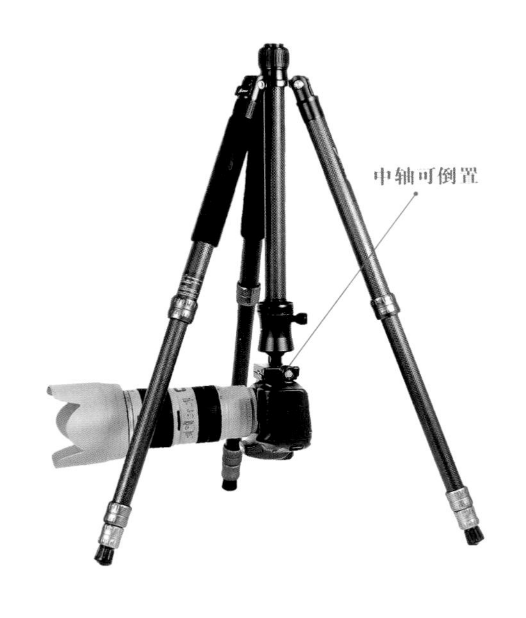

果能中轴倒置，最低高度的值就不会对三脚架有什么影响。

③脚管节数。一般来说三脚架的脚管都是多节式的。最常见的是三节或四节脚管的设计，最高高度相同的脚架，脚管节数越多，折合后的长度就越短，越便于携带。但是节数多的脚架，最下面一节脚管会变得非常细，容易导致脚架的强度降低，这时就需要使用更好的材质来弥补强度的损失，因此节数越多的三脚架，其价格会越贵。

④材质。目前市场上的三脚架多为合金或者碳纤维材质打造，这两种材质可以在保证强度的前提下获得轻量化的效果。相对来说，碳纤维的强度更高，在相同设计规格下更轻便，价格也更高一些。因此在选择脚架时，如果想要好性能，可以选择碳纤维材质；想要高性价比，则建议选择合金材质。

⑤云台。云台分为三维云台和球形云台两种。三维云台有3个锁扣，便于在3个方向上进行精确调节；承重能力强，能够精确构图。缺点是携带不方便，构图缓慢。其适合需要精确构图的风光、建筑摄影。球形云台在体积和操作便利性上十分突出，与三维云台相比，球形云台可以通过松开锁扣任意地变换角度，使用起来简单、快速；缺点就是在拍摄建筑等景物时难以实现精确定位，并且容易进入灰尘，需要经常保养维护。

因此，如果摄影者经常拍摄风光类题材，就需要选择折合后较短的、轻便的碳纤维三脚架；如果资金充裕，可选择国外大品牌，其稳定性和耐用性也更加可靠。

三维云台

球形云台

1.3.3 快门线

相机快门线就是控制快门的遥控线。在长时间曝光（慢速）的情况下，用手指按下快门会因为轻微震动而导致拍摄的画面不清晰。为避免此种情况，最好的办法就是使用三脚架+快门线。

无线快门线（一对），其安装在相机机顶热靴上

快门线分有线和无线两种。无线快门线除了具备有线快门线的功能外，还具有自拍或合影时不受时间、距离和角度限制的优点。

有线快门线

快门线相机端接口（不同相机的接口位置不同，详见说明书）

1.3.4 滤镜

常用的滤镜包括UV镜、偏光镜和中灰滤镜。

UV镜

UV镜又叫作紫外线滤光镜。它的主要作用是保护镜头，同时也能过滤紫外线（有助于提高成像清晰度和色彩效果），是必备的摄影配件（多数人在购买数码相机时，都会配一块UV镜），平时及摄影时都装在镜头上，不用时可取下来。

UV镜的口径通常有52mm、58mm、62mm、67mm、72mm、77mm、82mm等规格，购买时要注意使其与自己的镜头口径相一致。UV镜的安装非常简单，只要小心地把UV镜和镜头内侧的螺纹完全对合，然后按照顺时针的方向把两者拧合紧密就可以了。市场上常见的UV镜品牌有佳能、尼康、B+W、保谷、肯高和卡色等。伪劣仿冒UV镜的透光性差，安装到镜头上会影响成像质量，购买时一定要注意鉴别。

UV镜

偏光镜

偏光镜，又称偏振镜，简称PL（Polarized Light）镜。它利用偏振光的特性，把非金属物体、水面等被摄体的反光进行过滤消除。偏光镜不改变光源的色温，但是利用它消除被摄体的反

光可使成像色彩更加鲜艳。偏光镜分为圆偏光镜（CPL）和线性偏光镜（LPL）两种，目前数码相机都采用CPL。常见的CPL品牌有东芝、肯高、保谷、耐司和尼康等。

偏光镜的具体作用如下。

①减弱天空中光线的强度，增加蓝天饱和度，使蓝天更蓝；同时提高蓝天和白云之间的反差，更加突出云层细节。

②改善非金属物体表面亮斑部位的影像清晰度、质感和色彩饱和度。例如，拍摄玻璃器皿、瓷器、水果、水面，以及翻拍照片和油画时，使用偏光镜可以适当降低甚至完全消除所摄画面中的亮斑，从而挽回该处所损失的细节、层次和色彩。

③由于偏光镜可以减少1~2挡曝光量，因此它可以替代ND2减光镜使用。

小提示

1. 由于自然光或灯光经过金属表面反射后的光线为非偏振光，因此在拍摄金属小工艺品、手表、钱币时，偏光镜对金属表面的反光不起作用。而自然光或灯光经过非金属表面反射后却是偏振光，基于这个原理，我们可以用白纸、白色有机玻璃、白塑料板等非金属物体作为反光材料，将自然光或灯光照射到这些反光材料的表面，再用其表面的反射光作为金属物品的照明光，此时使用偏光镜拍摄就可以有效去除金属表面的反光。

2. 人像摄影时，最好不要使用偏光镜，这是因为偏光镜能过滤掉脸部的反光，使人脸失去立体感。

偏光镜的使用技巧如下。

①注意镜头与被摄体之间的角度。例如，靠近窗台的桌面上放着一本表面光滑的书，当我们的视线与书有一定角度时，可以看到太阳光照射其上的反光；而当我们的视线垂直于书面时，看到的反光就会很微弱。偏光镜的作用就是消除侧角度折射的反光，当偏光镜与被摄物成垂直角度时，它就失去了作用。

②实拍时要看着取景器并旋转偏光镜前组的镜片，取景器中最暗时的效果最明显，可根据需要转到最暗与最亮间的任意角度。

另外，使用偏光镜需要遵循以下原则。

①要消除水面的反光，相机最好与水面成30°~40° 夹角，此时效果较为显著。

②取景旋转前组镜时，请勿逆时针转动，否则很容易将CPL转落。

③要加强蓝天的效果，千万不要逆光拍摄，否则天空将会是灰白的。

未使用偏光镜拍摄，成像色彩暗淡，对比度低

使用偏光镜拍摄，成像色彩鲜明，对比度高

中灰滤镜

中灰镜又称中灰密度镜，简称ND镜，它是一块灰色纯透明的光学玻璃，通常分为圆形和方形两种，圆形的可以直接旋装在镜头前，方形的需要配合支架卡在镜头前。中灰滤镜的作用就是减少进入镜头的通光量，从而有效降低曝光量。

圆形ND镜

方形ND镜

方形ND镜支架

根据“阻挡”光线能力的强弱，中灰滤镜有多种密度可供选择，如ND2、ND4、ND8和ND1000（分别延长1挡、2挡、3挡和10挡快门速度）。举例来说，当前正常曝光的参数为光圈F16、快门速度1/60s、ISO 100；安装ND2后，光圈和感光度不变，要达到相同的曝光量，这时快门速度需要降低到1/30s。

使用中灰镜降低快门速度，拍出雾状的流水效果

光圈F14 | 感光度100 | 焦距21mm | 快门速度0.5s

日常拍摄中，有以下几种情况需要使用ND镜：白天拍摄雾状流水、路面人物的虚影流动和夜景车流轨迹等。以白天拍摄为例，如果我们将ISO感光度调至最低的ISO 50，光圈调至最小光圈值F32，但准确曝光的快门速度依然在1/20s，这就很难拍出雾状流水效果（快门速度一般为1~10s），这时一块ND中灰镜就可以发挥作用。

此外还有一种特殊的ND镜叫渐变镜，其中应用较多的是中灰渐变镜，简称GND镜。它一半透光、一半阻光，被广使用于风光摄影中。当我们拍摄带有天空的风光照片时，经常出现要么天空过曝，要么地面曝光不足的情况，这是因为天空与地面的光差异比较大。此时我们如果使用中灰渐变镜，将镜片灰色部分对准天空，就可以降低天空亮度，平衡天空与地面的曝光差异。

GND镜

1.4 开启拍摄之旅

当我们拿到相机准备拍摄时，除了基本的安装电池、存储卡以外，还要学会正确的持机姿势，以及基本的拍摄、查看、回放照片。

1.4.1 安装电池和存储卡

安装电池和存储卡的过程很简单，具体操作步骤如下。

01 推动机身底部的电池仓盖释放杆，打开电池仓盖。

02 将电池上有正 / 负极触点的一端朝下，对准电池仓中指示的正 / 负极标志。

03 将电池缓缓插入电池仓中，直至听到“咔”的声音，关上电池仓盖，电池即安装完毕。

拍照前应注意检查电池电量，长时间不使用相机时应避免将电池放在相机里，以免加速跑电。

01 按照存储卡插槽盖外部的方向指示标志，向外推动插槽盖，打开存储卡插槽。

02 将存储卡触点端向前并推入卡槽。存储卡贴有标签的一面应朝向相机后背。

03 将存储卡完全推入存储卡插槽至底，将插槽盖关闭并锁住存储卡即安装完毕。

1.4.2 调节屈光度

摄影者在购买了新的数码相机后，就需要根据自己的视力情况对屈光度进行相应的调整。

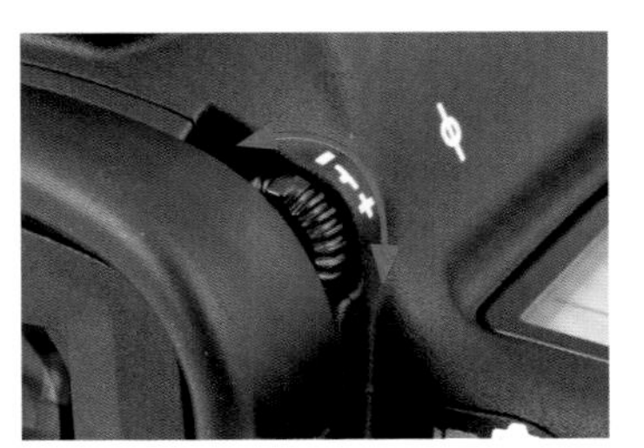

01 将眼睛靠紧取景器，在观察取景器的同时，旋转屈光度调节旋钮，使得取景器中的画面清晰显示。

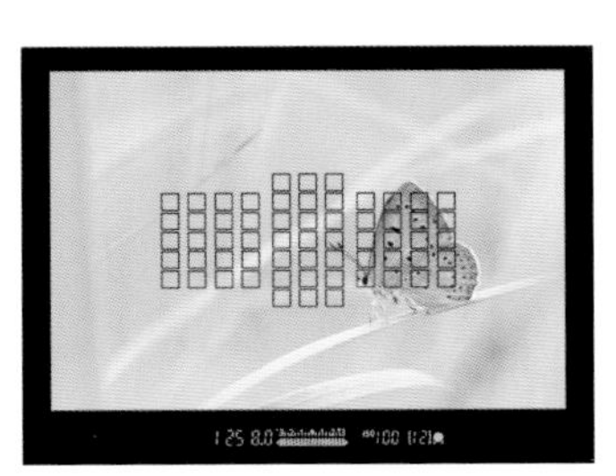

02 可将取景器下部显示的信息是否清晰可见作为标准来进行调整。摄影者要随着视力的变化，随时调整屈光度。

1.4.3 设置日期

为了使照片能准确记录实际拍摄时间，使日后的照片整理工作更加轻松，应保证相机里的日期和时间是正确的。

扫码看视频

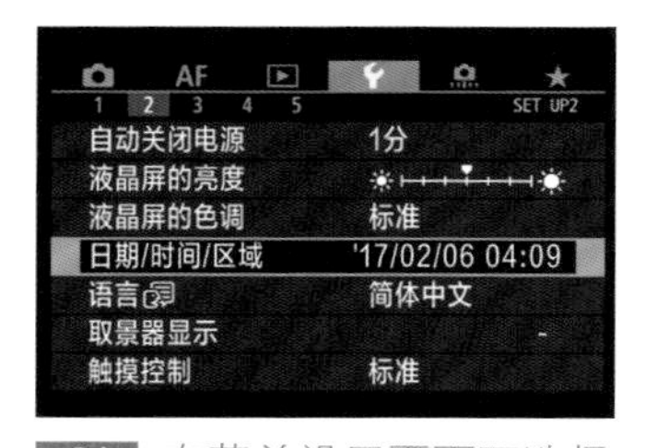

01 在菜单设置页面下选择“日期 / 时间 / 区域”选项。

02 按多功能控制钮进行设置，然后按 SET 按钮确认。

1.4.4 调整液晶屏的亮度

正确地设置液晶屏的亮度，不但可以准确地查看照片的曝光情况，还能够合理地利用相机电量。

扫码看视频

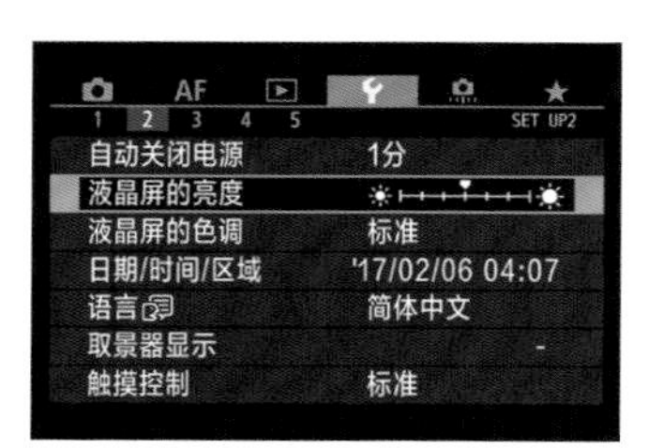

01 在菜单设置页面下选择“液晶屏的亮度”选项。

02 按多功能控制钮调节液晶屏亮度，然后按 SET 按钮确认。

1.4.5 正确的持机姿势

01 纵向持机时，握持相机手柄的手位于上方，另一只手位于下，方托住相机。

02 在降低重心拍摄时，应将一侧膝盖支撑于地面，用另一侧膝支持手臂，这样可以减少相机抖动。

03 当采用实时显示模式拍摄时，应夹紧双臂，以减少因手臂抖动造成的相机抖动。

1.4.6 如何按下快门拍摄一张照片

场景智能自动模式使用起来非常方便，即使是没有深入学习摄影的人，也可以利用它轻松地拍出比较满意的照片。在场景智能自动模式下，相机自动分析场景并确定最佳设置。拍摄者只需要对准被摄体进行拍摄，不管被摄体是静止还是移动的，该功能都会自动调节对焦，还可以自动设置感光度和对焦模式等大多数功能，可以帮助摄影者在极短的时间内拍摄出所希望得到的效果。

01 按住中央的模式转盘锁，释放按钮的同时旋转模式转盘，将标记对准全自动模式。在该模式下，所有拍摄功能都将由相机自动设置。

02 检查镜头上的对焦模式开关，将标记对准"AF"。这样镜头的自动对焦功能就开启了。

03 用右眼观察取景器，对准被摄体。观察取景器时，应使眼眶贴紧取景器。

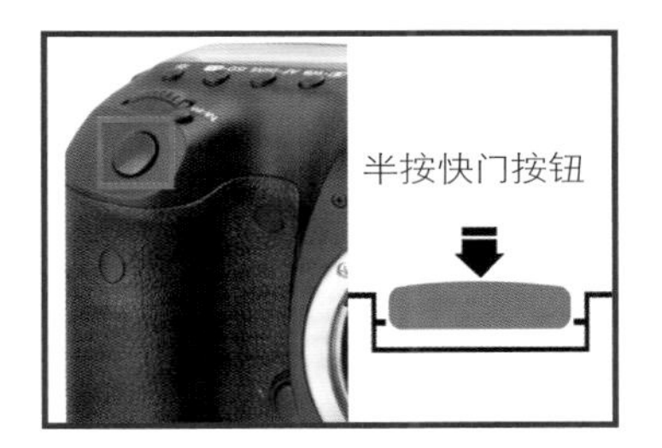

04 当被摄体进入取景器的取景范围之后，轻轻半按快门按钮，启动自动对焦功能进行对焦。

05 当对焦完成时，相机会发出"嘀嘀"的声音，这时取景器中的被摄体变得清晰。

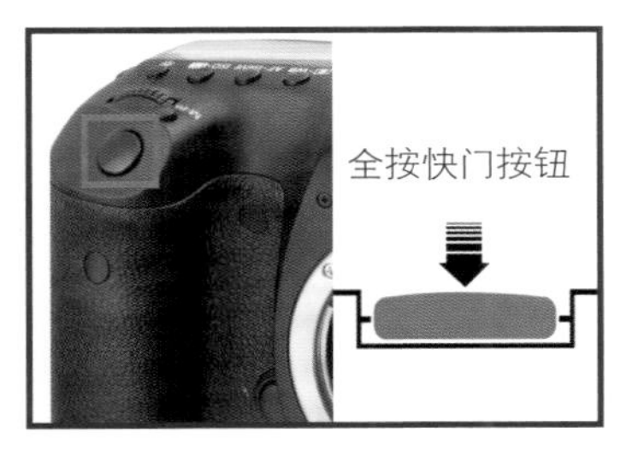

06 在半按快门的状态下调整构图，然后完全按下快门按钮，完成拍摄。

07 拍摄完成后，液晶监视器将自动显示刚刚拍摄到的图像。

扫码看视频

1.4.7 回放查看照片

默认设置下，摄影者拍摄完每张照片以后，相机背面的液晶监视器都会自动显示所拍摄的照片，相机默认的显示时间为4s（可以通过相机菜单调整显示时间长短）。有时摄影者需要连续播放、查看已拍摄的多张照片，删除其中不满意的照片，具体操作步骤如下。

01 拍摄完成后，可按回放按钮查看拍摄的图像。回放时，液晶监视器中将首先显示最新拍摄到的图像。

02 旋转速控转盘可进行图像切换。顺时针转动速控转盘可以向后选择图像，逆时针转动速控转盘可以向前选择图像。

03 在图像回放时，按下放大按钮并顺时针转动主拨轮可以将图像进行放大。放大显示的位置可通过多功能控制钮进行移动选择。

04 当希望删除照片时，可在显示该照片的状态下按下删除按钮，然后转动速控转盘选择"删除"，按下 SET 按钮完成删除操作。

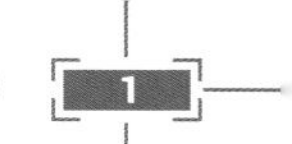

1.5 思考与练习

通过前文的知识讲解，我们认识了相机镜头，并学习了一些基础操作。接下来，我们通过一些具体的练习进一步巩固前面讲到的知识点。

- **影响数码相机性能的重要参数有哪些**
- **下面哪张照片是用长焦距镜头拍摄的**

- **哪些焦段的镜头最适合拍摄人像**
- **为什么要选择大光圈的镜头**

第2章

拍摄一张照片的6个步骤

本章把拍摄一张照片的过程分解为6步操作。每一步都分目的、类别、场景、环境等因素，给拍摄者提供了不同的操作选择，拍摄者可根据自己的想法去对应选择每一步的操作方法。操作步骤设置的先后顺序并非固定不变的，拍摄者可以结合自己的拍摄习惯机动调整。

2.1 第1步：设置存储格式和白平衡

在使用相机进行拍摄前，我们需要先设置存储照片的文件格式和正确的白平衡类型。下面详细讲解具体的选择和设置方法。

2.1.1 如何根据拍摄需求选择合适的照片存储格式

最常用到的照片存储格式有两种：RAW格式和JPEG格式。这两种格式各有优点，适用于不同的拍摄需求，下面分别进行介绍。

在佳能相机上设置照片存储格式的操作方法如下。

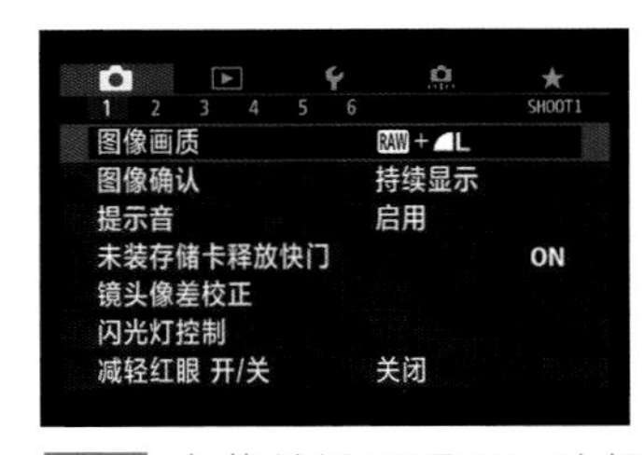

01 在菜单设置页面下选择“图像画质”选项。

02 选择相应的照片画质后，按 SET 按钮确认。

1. RAW格式

定义：RAW格式记录了照片的原始数据，是未经任何处理和压缩的无损照片格式，也被称作“数码底片”。

特点：①记录的数据信息量大，因此照片的文件也大；②在Photoshop中打开RAW格式照片将呈现出未被处理的发灰效果，这样就为后期的色彩和明暗处理提供了更多的调整空间。

2. JPEG格式

定义：JPEG格式是一种经过相机优化处理、被压缩的有损照片格式。

特点：①文件比较小，通常只有相同尺寸（分辨率）的RAW格式文件的1/8～1/5；②照片色彩鲜艳，要求不是太高的话，不用后期修片，直接出片也是可以接受的；③使用JPEG格式拍摄照片还可以获得比使用RAW格式更快的连拍速度。

使用RAW格式直接导出的照片发灰

使用JPEG格式直接导出的照片色彩鲜艳

3. 选择RAW格式还是JPEG格式

选择一：如果你是摄影新手，不擅长后期处理，那么就选择JPEG格式。

选择二：如果你是懂一些后期处理的摄影进阶者，想要通过后期处理获得更好的照片效果，那么就选择RAW格式。

选择三：如果既想即时分享照片，又想在后续时间里对照片进行后期精细调整，例如在外出旅游或拍摄婚礼照片时，那么可以同时选择RAW+JPEG格式进行存储，这样JPEG格式的照片可以用于照片直出的即时分享，而RAW格式的照片则可以用于后期的精细调整。

选择四：在拍摄连续运动的物体时，为了更准确地捕捉每一个精彩瞬间，就需要使用更快的连拍速度，这时建议选择JPEG格式。

4. 如何更好地发挥JPEG格式的优点

既然JPEG格式更适合相机直接出图，那么有什么好的方法可以让JPEG格式的照片更加好看一些呢？方法很简单，可以通过设置不同的照片风格（佳能相机称为照片风格、尼康相机称为“优化校准”）来实现。

以佳能80D相机为例，相机预设了自动、标准、人像、风光、精致细节、中性、可靠设置、单色8种照片风格供拍摄者选择，选择对应的照片风格后，就可以获得不同的照片直出效果。

标准风格适用于大多数场景

人像风格针对人物皮肤优化，适合拍摄人像

风光风格色彩鲜艳、对比度高，适合拍摄风光

单色风格可直接导出黑白效果照片

在佳能相机上设置照片风格的操作方法如下。

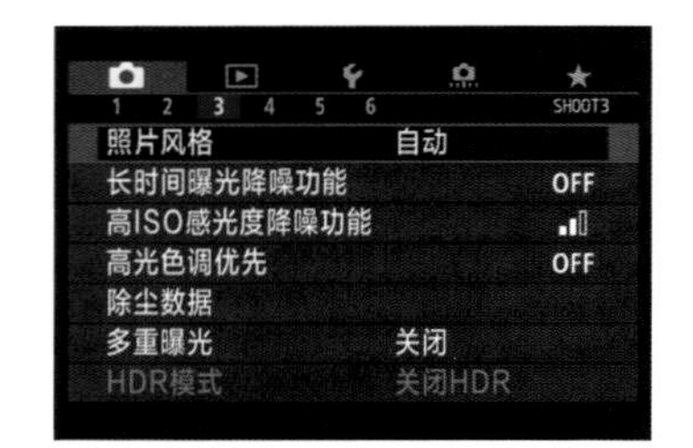

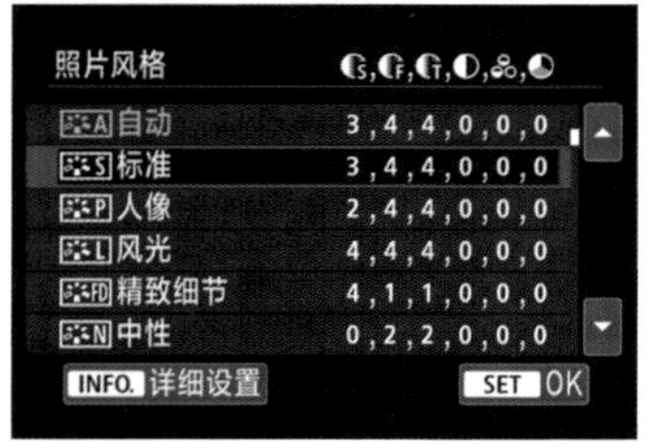

01 在菜单设置页面下选择“照片风格”选项。

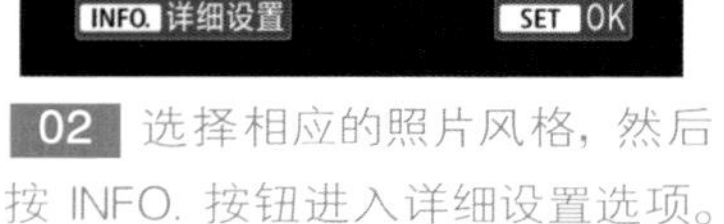

02 选择相应的照片风格，然后按 INFO. 按钮进入详细设置选项。

2.1.2 如何根据现场光源类型选择合适的白平衡

使用数码单反相机拍摄照片时，经常会发现拍摄的照片有些偏色，而且是整体色调一致地偏向某种颜色。出现这种现象的原因是相机的白平衡设置错误，而白平衡和色温是紧密相关的，要想正确设置白平衡，必须先了解什么是色温。

1. 什么是色温

科学家发现，对一个纯黑体进行加热，它在不同的温度下会发出不同颜色的光线。随着温度的升高，纯黑体发出的光的颜色呈现出红—橙红—黄—黄白—白—蓝白的渐变过程。当某个光源所发射的光的颜色看起来与纯黑体在某一个温度下所发射的光颜色相同时，纯黑体的这个温度就称为该光源的色温，单位为K（开尔文）。

光源	色温	光源	色温
白炽灯	3000~3200K	阴天	6000K
荧光灯	2700~7200K	黄昏	2000~3000K
闪光灯	5400~5800K	日落	2000~3000K
日光	5100~5500K	蜡烛	1800~2000K

2. 色温与气氛

光源色温不同，光色也不同，给人带来的感觉也不相同：色温在3300K以下，光色是带红的白色，给人热烈、温暖的感觉；色温为3000~5000K，光色是中间白色，给人清爽的感觉；色温在5000K以上，光色是带蓝的白色，给人冰冷、清凉的感觉。

3. 色温对人眼的影响

人眼看到的颜色会受到光线颜色的影响，这是生活中的常见现象。当我们处在有色光源的环境中时，经常会发现在光线覆盖的范围内，各种物品都会发生偏色现象，而且是偏向光源的颜色。但是这种偏色并不会影响我们对各种物品本身色彩的判断，因为我们会根据以往的认知，清楚地知道各种物品的真实颜色，大脑会根据环境光线颜色的变化自动调整对色彩的认知。

4. 色温对相机成像的影响

数码相机在成像时，如果不采用类似人脑的功能对光源颜色造成的物体影像偏色进行纠正的话，它就会错误地记录下偏色的影像。

5. 什么是白平衡

为了使数码相机拍摄的照片的色调与人脑认知的颜色相一致，数码相机在成像时，就需要对拍摄环境中由于光线色温不同而造成的偏色进行纠正，这个过程就称为白平衡。也就是说，白平衡是数码相机提供的一种修正照片偏色的机制。数码相机提供了多种常见光源下的白平衡选项供拍摄者选择。在佳能相机上设置白平衡的操作方法如下。

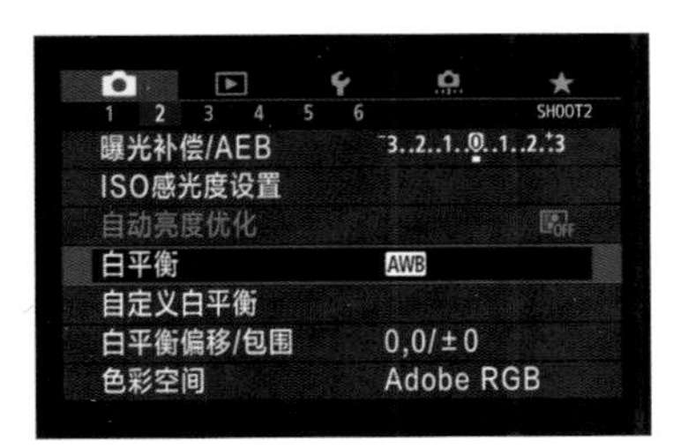

01 在菜单中选择“白平衡”选项，进入该选项。

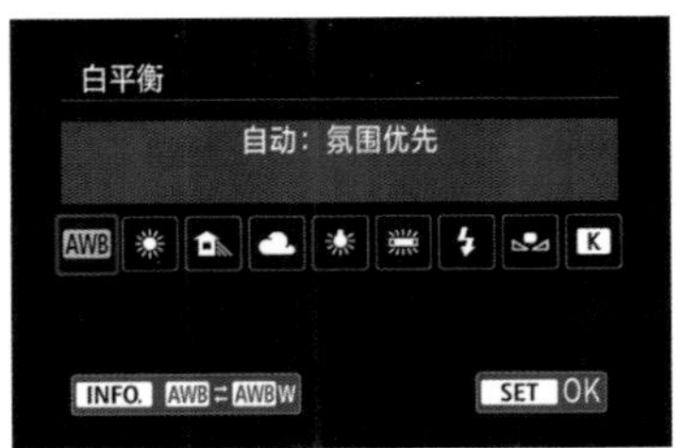

02 在该选项下有 9 种白平衡模式可供选择，选择适合的白平衡模式后按 SET 按钮确认。

佳能相机根据光源种类提供的白平衡模式

选项	图标	色温范围	适应条件
自动（氛围优先）	AWB	3000~7000K	由相机测量环境光线并自动进行调整。此设置适用于大多数情况，但偶尔也会有误差。当使用自动（氛围优先）时，可以在拍摄钨丝灯场景时增加图像暖色偏色的强度；当使用自动（白色优先）时，可以减少图像暖色偏色的强度
自动（白色优先）	AWBW		
日光		5200K	适用于日光下的拍摄
阴影		7000K	在白天多云时使用
阴天、黎明、黄昏		6000K	在白天，拍摄对象处于阴影下时使用
钨丝灯		3200K	在钨丝灯灯光下使用
白色荧光灯		4000K	适用于室内荧光灯光源环境（7种）
使用闪光灯		自动设定	适用于闪光灯光源环境
用户自定义		2000~10000K	适用于混合光照环境
色温	K	2500~10000K	从所列出的值中选择色温

尼康相机根据光源种类提供的白平衡模式

选项	图标	色温范围	适应条件
自动	AUTO	3500~8000K	由相机测量环境光线并自动进行调整。此设置适用于大多数情况，但偶尔也会有误差
晴天		5200K	适用于日光下的拍摄
阴天		6000K	在白天多云时使用
背阴		8000K	在白天，拍摄对象处于阴影下时使用
白炽灯		3000K	在白炽灯灯光下使用
荧光灯		2700~7200K	适用于室内荧光灯光源环境（7种）
闪光灯		5400K	适用于闪光灯光源环境
手动预设	PRE	–	适用于混合光照环境
选择色温	K	2500~10000K	从所列出的值中选择色温

从以上两个表格中可以看出，佳能和尼康相机提供的白平衡模式和色温范围基本一致，只是个别选项略有差异，这也是佳能和尼康相机成像色调有一定差异的原因之一。

在相同的室内光线环境下，采用不同的白平衡模式拍摄同一画面，会产生不同的色调。

▲自动

▲日光

▲钨丝灯

6. 选择自动白平衡还是其他预设白平衡

选择一：如果现场光是单一光源类型，但是上表的选项中没有该光源类型，或者现场光是混合光源，就建议选择相机的自动白平衡选项，这样可以获得较为准确的色彩效果。

选择二：如果现场光是单一光源类型，并且上表中也有对应的白平衡选项，那么在相机中直接选择对应的白平衡选项即可。

7. 不同的照片存储格式对白平衡设置的准确性要求不同

RAW格式——不用担心白平衡设置错误：如果使用RAW格式拍摄，即使在相机上把白平衡设置错误也不用担心，在Photoshop中打开RAW格式文件时，在其Camera Raw中会有和相机上效果一样的白平衡选项，这样我们就可以轻松地重设白平衡。关于Camera Raw的内容讲解，详见本书最后一章。

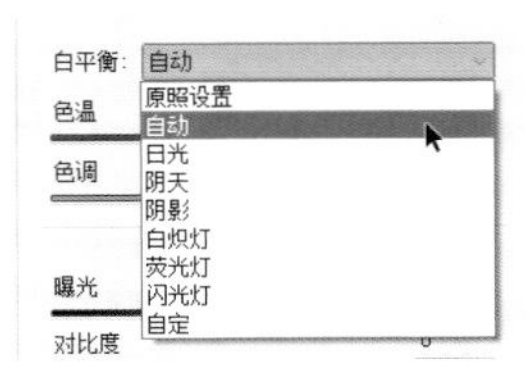

Camera Raw中的白平衡选项与相机上的一样

使用RAW格式拍摄，白平衡错误地设置为白炽灯模式

与在相机上设置为自动白平衡的效果一样

在Camera Raw白平衡选项中重新选择“自动”后的效果

JPEG格式——选择自动白平衡更保险：当使用JPEG格式拍摄时，使用自动白平衡拍摄更为保险。如果白平衡设置错误，那么在Photoshop中打开文件时，在Camera Raw中将没有像RAW格式那么多的白平衡选项让我们重设，这样就会增加偏色纠正的难度，即使准确地校正了白平衡，也会丢失一些色彩层次，原因就是JPEG格式相对于RAW格式（数码底片）受到被压缩处理特性的影响。

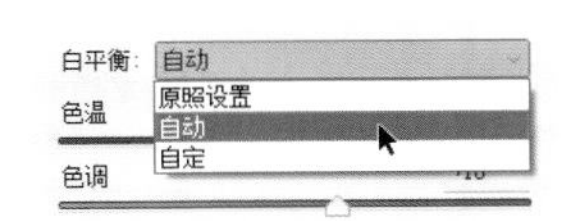

选择JPEG格式，Camera Raw中的白平衡选项很少

与RAW格式纠偏后的效果相比，丢失了一些色彩层次

使用JPEG格式拍摄，白平衡错误地设置为白炽灯模式

在Camera Raw白平衡选项中重新选择“自动”后的效果

2.2 第2步：选择曝光模式

在选择曝光模式前，我们先来认识曝光的三要素。当我们按下相机快门时，光线就会透过镜头照射到感光元件上，然后产生光电反应，照片就诞生了，这个过程就叫作曝光。一张照片曝光的好坏是由曝光量决定的：曝光量太大，照片就会太亮；曝光量太小，照片就会太黑；曝光量正常，照片才会明暗适中。曝光量受3个因素影响，分别是光圈、快门速度和感光度。

2.2.1 曝光三要素之光圈

光圈由一个圆孔和包围着该孔的叶片组成，它用来控制镜头的通光量。我们用F值表示光圈的大小，其中，光圈F值=镜头的焦距/镜头光圈的直径。例如，当镜头焦距为50mm，光圈直径为35mm的时候，光圈值就是1.4。光圈是分挡的，相邻两挡光圈值大约是1.4倍的关系。标准光圈值通常是1.0、1.4、2.0、2.8、4.0、5.6、8.0、11、16、22、32。其中F4以下为大光圈，F4~F8为中等光圈，F8以上为小光圈。

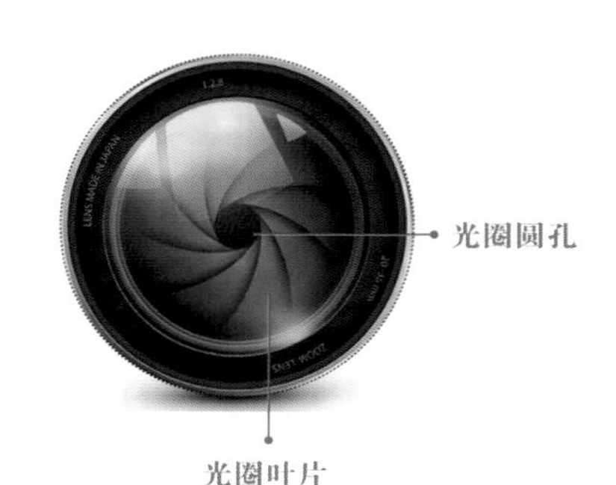

由于在相机的菜单上能设置使用1/2挡或1/3挡光圈来递增或递减，所以也会出现诸如F7.1等非标准光圈值。

1. 相机上的光圈显示

通过相机的液晶显示屏、液晶监视器或者取景器窗口下方的显示，可以查看当前的光圈值。

液晶监视屏的光圈大小显示为F8

液晶显示屏的光圈大小显示为F5.6

2. 如何调整光圈的大小

转动模式转换盘选择Av挡，然后转动主拨盘，即可调节光圈大小。

通过液晶监视器显示调整。

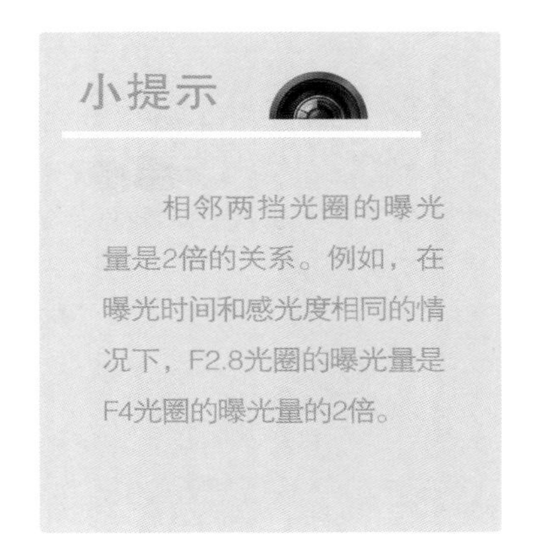

相邻两挡光圈的曝光量是2倍的关系。例如，在曝光时间和感光度相同的情况下，F2.8光圈的曝光量是F4光圈的曝光量的2倍。

3. 光圈能影响曝光效果

在相同的时间内，光圈越大，通过镜头投射到感光元件上的光线越多，即曝光量越大；光圈越小，通过镜头投射到感光元件上的光线越少，即曝光量越小。

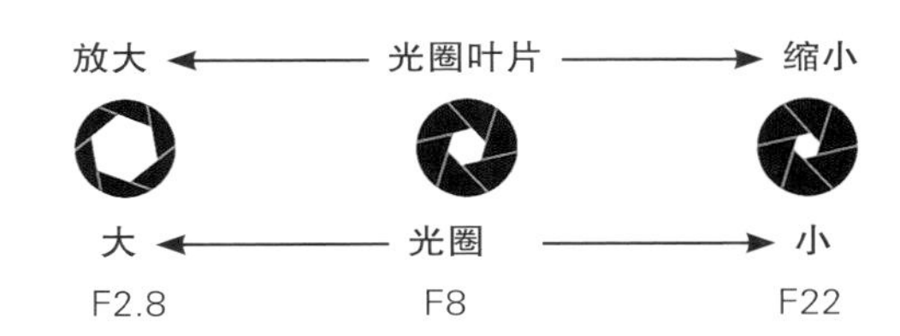

相同的快门速度和感光度，使用大光圈拍摄到的照片，曝光量大，照片明亮。

光圈F2.8
感光度800
焦距35mm
快门速度1/40s

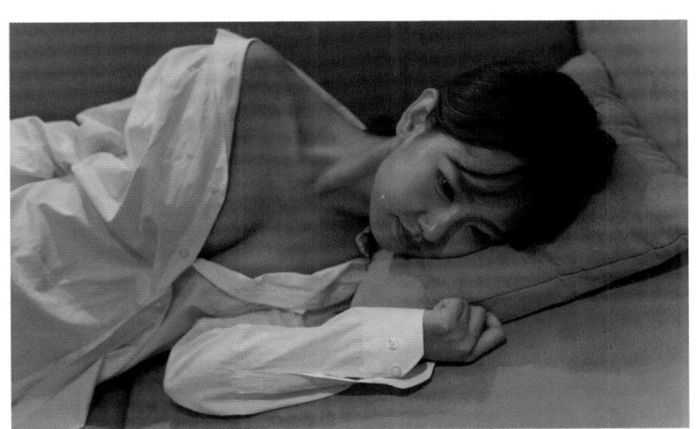

相同的快门速度和感光度，使用小光圈拍摄到的照片，曝光量小，照片暗淡。

光圈F8
感光度800
焦距35mm
快门速度1/40s

4. 光圈还能影响背景虚化程度

接下来的几幅照片分别是使用小光圈、中等光圈和大光圈拍摄的，对比可以看到背景的虚化效果依次从弱到强。

光圈F11
感光度400
焦距85mm
快门速度1/50s

使用小光圈拍摄到的照片，背景虚化弱

使用中等光圈拍摄到的照片，背景虚化稍强

光圈F5.6
感光度400
焦距85mm
快门速度1/200s

使用大光圈拍摄到的照片，背景虚化强

光圈F2.8 | 感光度400 | 焦距85mm | 快门速度1/800s

这种背景虚化的效果被称为浅景深，那么什么是景深呢？影响景深的因素有哪些呢？

当对准拍摄对象对焦时，拍摄对象与其前后的景物之间有一段清晰的范围，这个范围就叫作景深。其中，拍摄对象和相机之间清晰的范围叫作前景深，拍摄对象和背景之间清晰的范围叫作后景深。景深通常用“大、小（浅）”之类的词语来表现，清晰范围大称为大景深或景深大，清晰范围小称为小（浅）景深或景深小（浅）。

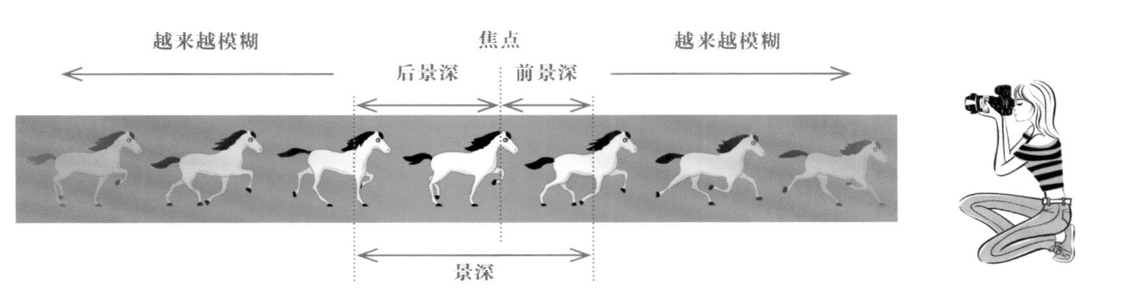

影响照片景深效果的因素有4个，分别是光圈、焦距、物距（被摄主体与镜头之间的距离）和背景距离。

光圈对景深的影响

在焦距、物距和背景距离不变的情况下，光圈越大，景深越小，背景虚化效果越强；光圈越小，景深越大，背景虚化效果越弱。

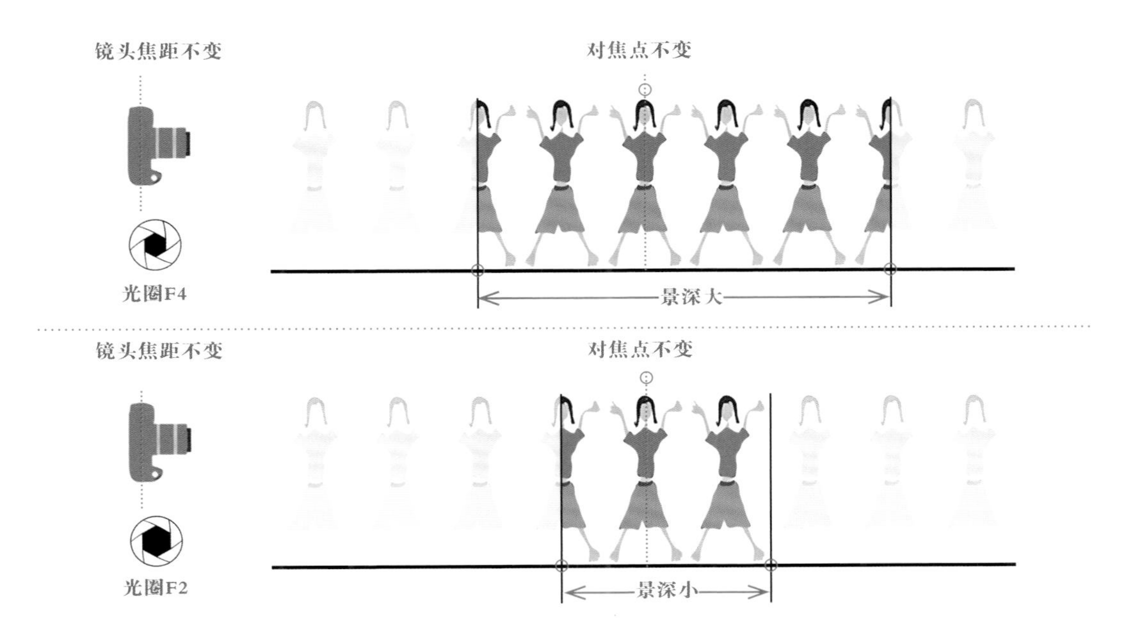

焦距对景深的影响

在光圈、物距和背景距离不变的情况下，焦距越长，景深越小，背景虚化效果越强；焦距越短，景深越大，背景虚化效果越弱。

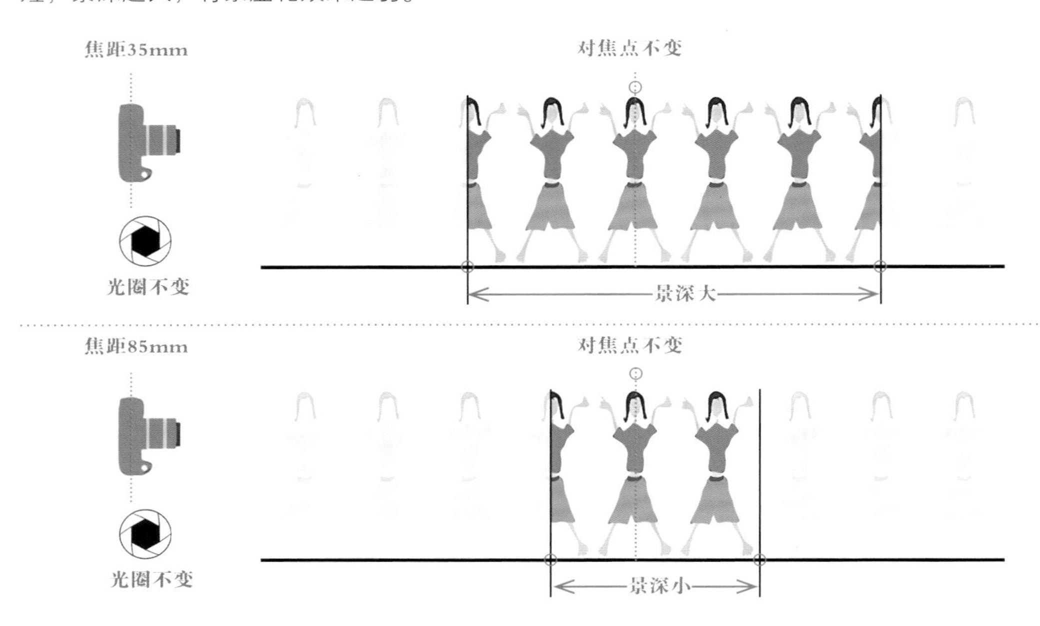

使用35mm镜头拍摄，背景虚化弱

光圈F3.2
感光度800
焦距35mm
快门速度1/60s

光圈F3.2
感光度800
焦距85mm
快门速度1/60s

使用85mm镜头拍摄，背景虚化强

物距对景深的影响

在光圈、焦距和背景距离不变的情况下，物距越近，景深越小，背景虚化效果越强；物距越远，景深越大，背景虚化效果越弱。

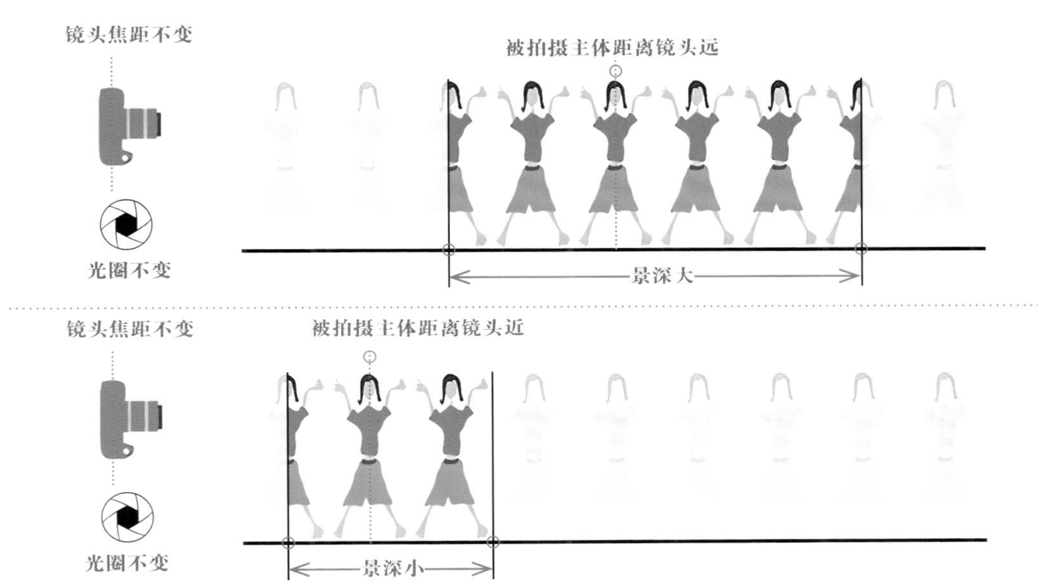

光圈F2
感光度200
焦距50mm
快门速度1/4000s

镜头与模特之间的距离为3m，背景虚化弱

光圈F2
感光度200
焦距50mm
快门速度1/4000s

镜头与模特之间的距离为1m，背景虚化强

背景距离对景深的影响

在光圈、焦距和物距不变的情况下，背景距离拍摄主体越远，景深越小，背景虚化效果越强；背景距离拍摄主体越近，景深越大，背景虚化效果越弱。

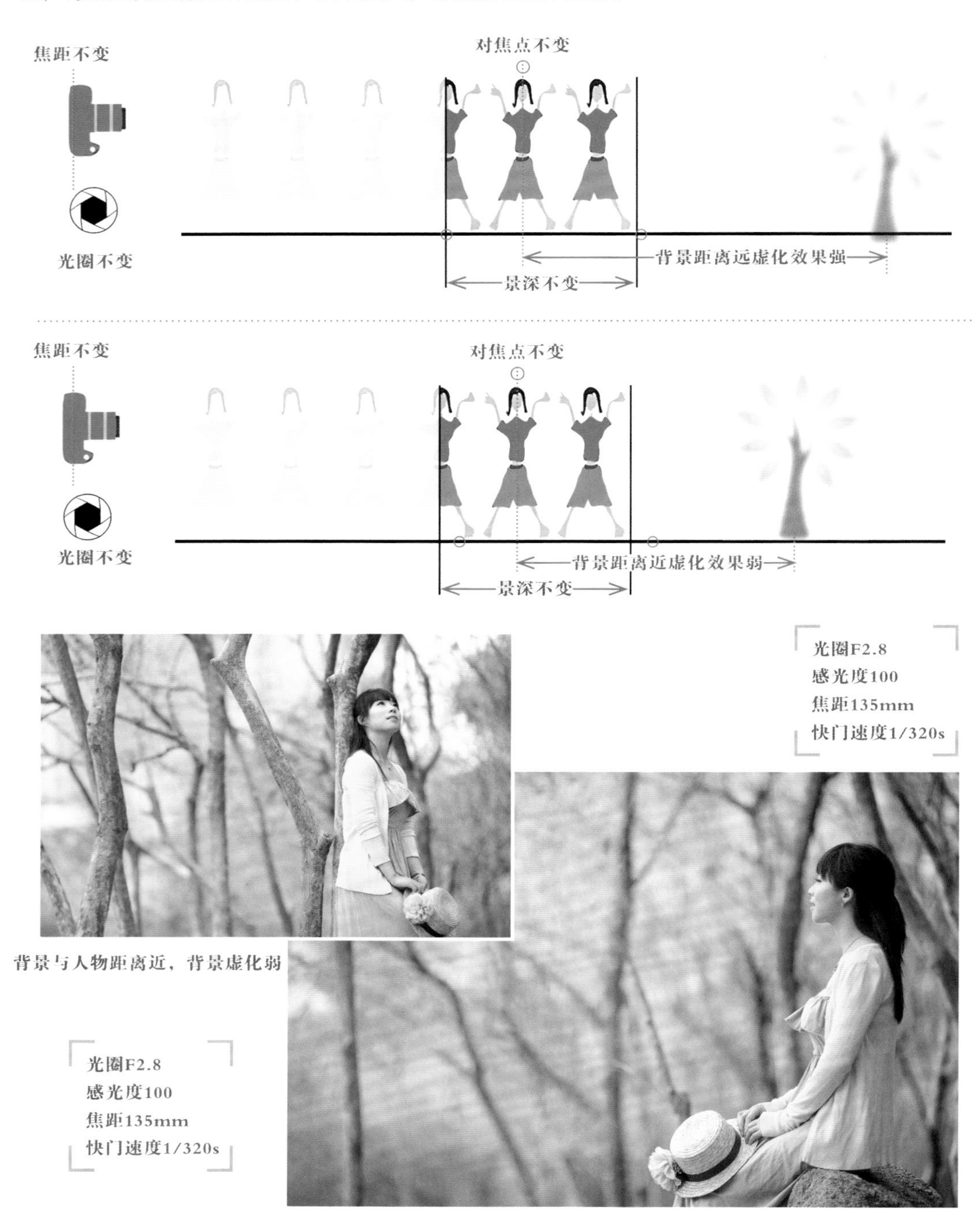

背景与人物距离近，背景虚化弱

背景与人物距离远，背景虚化强

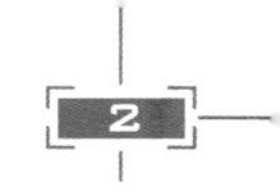

5. 光圈还会影响照片的画质

光圈的大小还会影响照片的锐度和反差，即照片的画质。一般来说，很多镜头的最佳光圈值都是最大光圈缩小2~3挡，例如一支F2.8的镜头，它的最佳光圈为F5.6~F8。原因是光圈越大，便意味着有更多的光线要从镜片的边缘通过，照片中就会出现锐度下降、暗角或色散等问题；光圈越小，通过镜头的光线太少，光线会发生衍射现象，导致照片分辨率下降。

既然光圈最佳时照片成像质量最佳，是不是拍摄照片的时候都应使用镜头的最佳光圈呢？答案是否定的。由于拍摄题材和环境不同，在实际拍摄时，大光圈、中等光圈和小光圈都会用到，具体应用参见2.3节。

2.2.2 曝光三要素之快门速度

相机拍摄时所发出的“咔嚓”声就是相机的快门声。快门是控制光线进入相机时间长短的装置。右图所示就是相机内的快门组件。

当开启快门时，光线进入相机，开启的时间越长，进入的光线就越多；反之，开启的时间越短，进入的光线就越少。

快门速度以秒为计量单位，在相机显示屏上看到的1/30、1/125等数值就代表快门速度，例如1/30表示快门从开启到关闭的持续时间为1/30s。和光圈一样，快门速度也分挡，由慢到快各挡标准的快门速度值分别是30s、15s、8s、4s、2s、1s、1/2s、1/4s、1/8s、1/15s、1/30s、1/60s、1/120s、1/250s、1/500s、1/1000s、1/2000s、1/4000s、1/8000s。相邻两挡快门速度大致是2倍的关系。由于在相机的菜单上能设置使用1/2挡或1/3挡快门速度来递增或递减，所以也会出现诸如1/25s等非标准快门速度值。

1. 快门的工作原理

快门的打开和关闭是通过位于相机顶部的快门按钮来控制的。快门按钮分为两级操作：半按快门和完全按下。半按快门可激活自动对焦；当完全按下快门按钮后，快门便开始工作。其工作流程如下。

01 前帘向下移动，感光元件的一部分面积获得光线，开始感光。

02 前帘继续向下移动，感光元件的大部分面积开始感光。

03 前帘完全打开，感光元件完全感光。

04 后帘开始向下移动，感光元件的一部分面积被遮挡。

05 后帘继续向下移动，感光元件的大部分面积被遮挡。

06 后帘彻底遮挡住感光元件，曝光结束。

2. 相机上的快门速度显示

通过相机的液晶显示屏、液晶监视器或者取景器窗口下方的显示，可以查看当前的快门速度值。

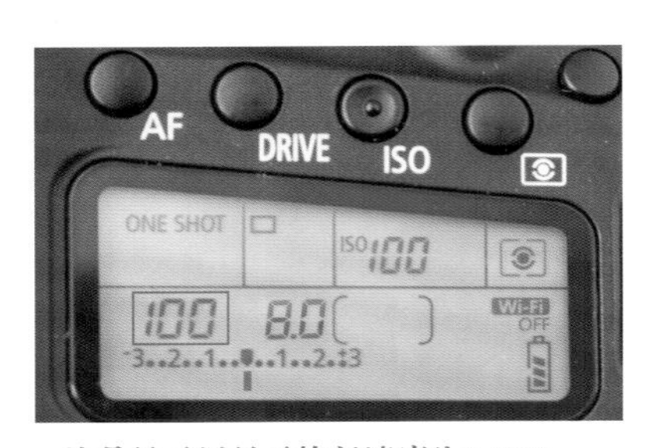

液晶显示屏显示快门速度为1/100s

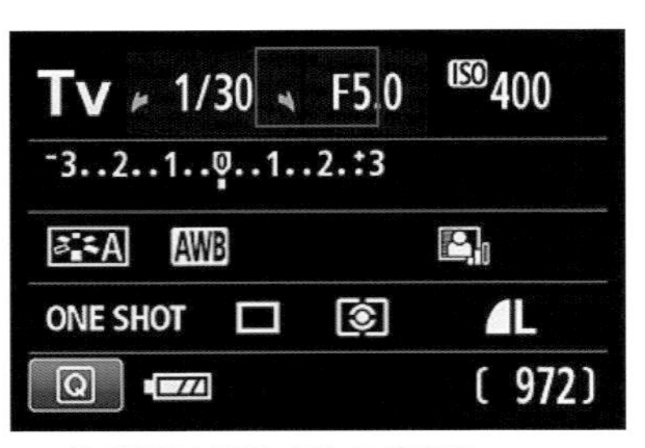

液晶监视器显示快门速度为1/30s

扫码看视频

3. 如何调整快门速度

转动模式转换盘选择Tv挡，然后转动主拨盘，即可调整快门速度。

通过液晶监视器显示调整。

4. 快门速度能影响曝光效果

在光圈和感光度相同时，快门速度越慢，通过镜头投射到感光元件上的光线越多，照片越明亮，即曝光量越大；快门速度越快，通过镜头投射到感光元件上的光线越少，照片越暗淡，即曝光量越小。

小提示 

相邻两挡快门速度的曝光量之间是2倍的关系。例如，在光圈和感光度相同的情况下，1/4s快门速度的曝光量是1/8s快门速度的曝光量的2倍。

光圈、感光度相同，快门速度1/800s，照片暗淡，曝光量小

光圈、感光度相同，快门速度1/200s，照片明亮，曝光量大

5. 快门速度还能影响照片的清晰效果

快门速度快，更容易拍到清晰的照片；快门速度慢，拍出的照片会因为抖动而变得模糊。

那么究竟多快的快门速度才能保证拍出清晰的照片呢？这要从拍摄者手持相机的稳定性、安全快门、相机的防抖功能，以及是否使用三脚架4个方面来综合衡量。

手持相机的稳定性

手持相机的稳定性是因人而异的，有的拍摄者在1/60s的快门速度下拍摄到的照片会模糊，而有的拍摄者即使使用1/30s的快门速度依然可以拍摄得很清晰。因此，手持相机拍摄到一张不手抖的照片的快门速度并不是固定的。

不得不知的安全快门

安全快门速度是手持拍摄时，为了保证拍摄到的照片不发虚所需要设置的最低快门

快门速度1/30s，拍出的照片清晰

快门速度1/60s，拍出的照片模糊

速度。其数值等于拍摄焦距的倒数，例如拍摄时的镜头焦距为100mm，则快门速度应设置在1/100s以上才能保证拍出的照片不模糊。如果使用的是APS–C半画幅相机，安全快门速度要求是焦距乘以系数1.6（尼康、索尼相机系数为1.5）再取倒数，即安全快门速度=1/（100×1.6）=1/160s。在实际拍摄时，快门速度要设得比安全快门速度更快一些才能更安全。

防抖开关

相机或镜头上的防抖功能

开启相机或镜头上的防抖功能后，快门速度即使低于安全快门2~3挡，也可以拍摄出清晰的照片。

未开启防抖功能，拍出的照片模糊

光圈F2.8
感光度100
焦距55mm
快门速度1/30s

在拍摄参数不变的情况下，开启防抖功能后，拍出的照片清晰

拍出清晰照片的可靠保障——使用三脚架稳定相机

在实际拍摄过程中，如果使用安全快门和防抖功能都不能保证拍出清晰的照片，就必须使用三脚架了。一般在慢门、合影、微距或使用长焦距镜头等情况下需要使用三脚架拍摄。

2.2.3 曝光三要素之感光度

感光度是指感光元件对光线的敏感程度，以ISO+数值的方式显示，例如ISO 400代表感光度为400。与光圈、快门速度一样，感光度也是分挡的，相邻两挡感光度值是2倍的关系。正常情况下，感光度从低到高各挡依次为ISO 100、ISO 200、ISO 400、ISO 800、ISO 1600、ISO 3200、ISO 6400、ISO 12800、ISO 25600。通过相机菜单中的感光度子选项，我们还可以对感光度进行扩展。扩展后，感光度可以设置得更低一些，如ISO 50；也可以设置得更高一些，如ISO 51200。

1. 相机上的感光度显示

通过相机的液晶显示屏、液晶监视器或者取景器窗口下方的显示，可以查看当前的感光度值。

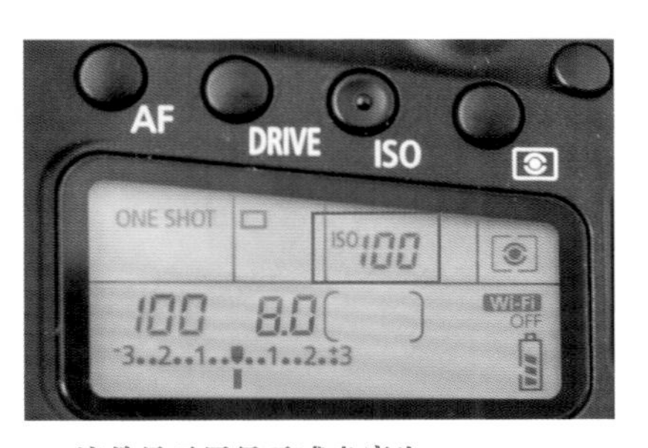

液晶显示屏显示感光度为ISO 100

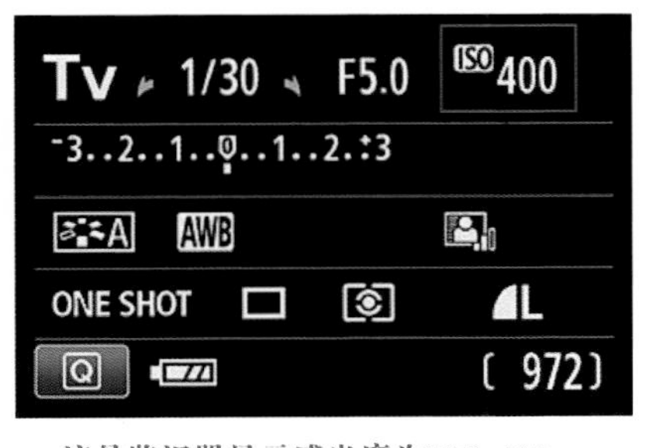

液晶监视器显示感光度为ISO 400

扫码看视频

2. 如何设置感光度

按下“ISO感光度设置”按钮，注视液晶显示屏或取景器的同时，转动主拨盘，选择合适的感光度。

通过液晶监视器显示调整。

3. 感光度能影响曝光效果

下面3幅照片是在相同的光照条件下，除了感光度数值不同以外，其他参数均相同的情况下拍摄的。对比可以看到，感光度数值越高，曝光量越大，拍摄出的照片越明亮。

由此可见，当照片出现欠曝的情况时，可以通过增加感光度来提亮画面。

小提示

相邻两挡感光度的曝光量之间是2倍的关系。例如，在光圈和快门速度相同的情况下，感光度200的曝光量是感光度100的曝光量的2倍。

使用ISO 800时，照片偏亮
光圈F4 | 感光度800 | 焦距32mm | 快门速度1/30s

使用ISO 100时，照片偏暗
光圈F4 | 感光度100 | 焦距32mm | 快门速度1/30s

使用ISO 400时，照片亮度适中　光圈F4 | 感光度400 | 焦距32mm | 快门速度1/30s

4. 感光度还能影响照片的画质

ISO感光度不宜过高。因为过高的ISO感光度会影响照片的画质效果。观察下面两张照片会发现，低感光度的照片噪点很少，画质很细腻；而高感光度的照片会出现很多噪点，画质粗糙。

使用ISO 200拍摄的照片局部噪点少

使用ISO 1600拍摄的照片局部噪点多

2.2.4 曝光组合

通过上述对光圈大小、快门速度和感光度的详细讲解，我们认识了这三者对于曝光效果的影响，即当想要提亮照片时，可以通过开大光圈、降低快门速度或提高感光度的方法来实现；反之，如果想要压暗照片，可以通过缩小光圈、提高快门速度或者降低感光度来实现。也就是说，三者之间通过一定的组合关系即可完成对照片的明暗控制，这种组合关系就称为曝光组合。

通常要达到相同的曝光效果，可以有以下3种曝光组合。①感光度不变，光圈增加一挡，快门速度就得降低一挡；光圈降低一挡，快门速度就得增加一挡。②光圈不变，感光度增加一挡，快门速度就得增加一挡；感光度降低一挡，快门速度就得降低一挡。③快门速度不变，感光度增加一挡，光圈就得降低一挡；感光度降低一挡，光圈就得增加一挡。因此，按照这个规律，一张正确曝光的照片可以有多种不同的光圈、快门速度和感光度的组合。

虽然正确曝光的照片可以有多种不同的曝光组合，但是它们的视觉效果却并不相同。拍摄者可根据现场的实际光线情况、拍摄经验以及主题要求设定合适的曝光组合，详细介绍请参见2.3节。

2.2.5 常用的曝光模式

常见的曝光模式包括光圈优先模式（佳能为Av/尼康为A）、快门优先模式（佳能为Tv/尼康为S）、手动模式（M）、全自动模式（Auto）、程序自动模式（P），以及一些预设的夜景、微距和人像类的情景模式。两种自动曝光模式的操作较为简单，这里我们不做详细介绍，下面只针对光圈优先、快门优先和手动3种最常用的曝光模式进行讲解。

佳能相机的曝光模式转盘

尼康相机的曝光模式转盘

索尼相机的曝光模式转盘

1. 光圈优先模式——手动控制光圈大小

光圈优先模式是由拍摄者决定镜头光圈数值的大小，然后相机根据测光系统的分析，计算出合适的快门速度，以保证实现相机认为正确的曝光效果。

光圈优先模式的优点是拍摄者可以按照自己的意愿来调整光圈值的大小，从而控制画面前景和背景的虚化程度。

应用一：在风光摄影中，当拍摄者希望近处和远处的画面都清晰时，就需要设定较小的光圈值来拍摄。

应用二：在人像摄影中，拍摄者更希望使用较大的光圈来突出人物、虚化背景。

应用三：在弱光环境下，拍摄者更希望使用较大的光圈来提高快门速度，以保证拍出的照片不模糊，同时也能突出人物、虚化背景。

2. 快门优先模式——手动控制快门速度

快门优先模式是由拍摄者决定快门速度值，然后相机根据测光系统的分析，计算出合适的光圈值，以保证实现相机认为正确的曝光效果。

使用快门优先模式的优点是拍摄者可以按照自己的意愿来控制快门速度的快慢，从而控制画面中运动物体的形态。

应用一：想要凝固物体运动的瞬间，就使用高速快门。

应用二：想要记录物体的运动轨迹，就使用慢速快门。

3. 手动模式——手动控制光圈大小和快门速度

在手动模式下，拍摄者需要同时调整光圈大小和快门速度，那么调整到多少才能获得理想的曝光值呢？方法是参考取景器内下方的曝光提示条，当曝光提示条位于中间时，表示相机测光系统认为这是正确的曝光效果。

曝光提示条

我们一再强调"相机认为正确的曝光效果"，是因为相机的测光系统并不是完全准确的，它只提供一个大概的曝光参考，准确的曝光效果要根据场景以及拍摄者想要表达的影调效果来综合判断。

光圈F6.3
感光度200
焦距85mm
快门速度1/160s

对比3种曝光模式，我们会发现，使用光圈优先和快门优先模式会更为快捷，只需要手动设置一项参数，就可以实现快速拍摄；而手动模式相对复杂，需要同时设置光圈值和快门速度才能拍摄。尽管手动模式操作起来有些烦琐，但在一些拍摄场景下，这种模式却是最实用和便捷的。

在光线稳定的场景下使用

在拍摄环境一致或者拍摄环境光线变化不大的情况下，建议选择手动曝光模式，原因是相比光圈优先模式和快门优先模式下的每拍一张照片都要重新测光，该模式不用反复测光，这样可以有效提高拍摄效率，更有利于抓拍精彩的瞬间。

光圈F4
感光度800
焦距35mm
快门速度1/100s

在弱光环境下，测光系统不起作用时使用

在光线很暗的情况下，例如拍摄星空时，用相机的测光系统无法进行准确测光，这时就不能使用光圈优先或快门优先模式进行自动曝光，而要使用手动曝光模式进行拍摄。

光圈F2.8
感光度1600
焦距15mm
快门速度20s

在使用闪光灯拍摄时使用

在拍摄室外人像时，如果想要实现压暗背景、突出人物的效果，就需要使用手动模式进行拍摄。拍摄时，首先设定好光圈大小，接下来需要让背景欠曝。在光圈不变的情况下，想要背景欠曝，需要设置比正常曝光时快一些的快门速度，这时取景器中的曝光提示条应该偏左一些而不是正好位于中间。在背景被压暗的同时，模特也会欠曝，为了使模特正常曝光，就要用闪光灯来给模特补光。

光圈F2.8
感光度100
焦距200mm
快门速度1/1600s

在影棚拍摄人像时，闪光灯在闪光之前是没有光照的，这时相机根本没有办法使用光圈优先模式或快门优先模式进行自动曝光，因为相机对按下快门的瞬间才闪光的光照强度根本无法预测，所以也就无法进行自动曝光，这就需要摄影师根据经验来手动调节光圈大小和快门速度，以达到准确曝光的目的。

光圈F8
感光度100
焦距28mm
快门速度1/125s

2.3 第3步：设置曝光组合

通过上节的学习，我们学会了如何针对不同场景来选择不同的曝光模式。接下来，我们介绍在常见的拍摄场景下设置曝光组合的思路，即如何设置曝光三要素。

2.3.1 拍摄室外人像的曝光组合设置

拍摄室外人像时的曝光组合通常可以分为两种情况，一种是晴天、光线亮度较好的情况，另一种是阴天、光线较暗的情况，这两种情况下的曝光组合设置是不同的。

1. 室外晴天时的曝光组合设置

在晴天、光线较亮的情况下拍摄人像时，我们通常会选择使用光圈优先模式拍摄。由于光照效果好，无论是使用低感光度，还是使用大、中、小光圈，都不用担心快门速度不够。因此在这种情况下，我们需要考虑的是如何根据拍摄主题，通过设置光圈的大小来控制景深的大小。

曝光组合一：小光圈+低感光度，保证细腻画质和较大的景深效果。

采用小光圈拍摄，首先考虑的是景深大、不容易脱焦，同时也能保证足够快的快门速度来抓拍

光圈F8 | 感光度100 | 焦距73mm | 快门速度1/200s

曝光组合二：大光圈+低感光度，保证细腻画质和背景虚化的小景深效果。

晴天场景下，使用低感光度+大光圈，拍摄出画质细腻、背景虚化的人像照片

光圈F3.5 | 感光度100 | 焦距100mm | 快门速度1/1250s

2. 室外阴天或傍晚时的曝光组合设置

在阴天或傍晚、光线较暗的情况下拍摄人物时，需要优先考虑快门速度是否在安全快门之上，避免因快门速度过慢而导致照片模糊。因此可以先设置低感光度+大光圈，然后查看相机测光后匹配的快门速度值是否在安全快门之上，如果低于安全快门，那么就需要继续开大光圈或者提高感光度的数值，直至快门速度提高至安全快门以上。

傍晚光线较暗的情况下，使用大光圈+高感光度，保证快门速度高于安全快门

光圈F2.8 | 感光度500 | 焦距35mm | 快门速度1/80s

2.3.2 拍摄室内人像的曝光组合设置

拍摄室内人像时的曝光组合设置同样需要根据光线的明亮程度来区别对待。

1. 室内弱光环境的曝光组合设置

当室内光线较暗时，曝光组合的设置与室外阴天的设置类似，还是需要优先考虑快门速度是否在安全快门速度之上。有经验的摄影师在碰到这种场景时，往往不会先将感光度设置为低感光度，再一点一点提高，而会直接将感光度先提高至ISO 400，然后开大光圈，当光圈大小不能再增加时，再逐步提高感光度来提高快门速度。

室内光线较暗的环境下，使用大光圈+高感光度，保证不拍虚的快门速度

光圈F1.4
感光度640
焦距35mm
快门速度1/60s

2. 室内窗户光的曝光组合设置

室内窗户附近是拍摄人像的极佳位置，原因是光照效果好，可以拍出明暗层次分明的立体效果。在拍摄窗户旁的人像时，需要根据光线的照射强度设置不同的曝光组合。当遇到右图这样光线照射较为强烈的情况时，可以参照晴天时的曝光组合使用低感光度+大或小光圈拍摄。

光线较亮时，使用大光圈+低感光度拍摄。当然这里也可以使用中、小光圈拍摄，只要快门速度在安全快门速度之上就可以

光圈F4
感光度100
焦距85mm
快门速度1/400s

如果光线较暗，那么就参照阴天时的曝光组合设置思路，使用大光圈+高感光度拍摄。

光线不是很亮时，使用大光圈+高感光度，保证不拍虚的快门速度

光圈F2.8 | 感光度500 | 焦距150mm | 快门速度1/250s

2.3.3 拍摄风光的曝光组合设置

扫码看视频

拍摄风光最常用到的曝光组合是小光圈+低感光度，当然也有例外。

1. 应对多数场景的曝光组合设置

大多数风光照片都会使用小光圈+低感光度的曝光组合进行拍摄，目的是获得更大的景深效果和更细腻的画质。例如拍摄下面这些美丽的风景区、城市夜色、慢门效果的流水使用的都是小光圈+低感光度的曝光组合。城市夜色和慢门效果的流水需要借助三脚架来拍摄。

光圈F11 | 感光度100 | 焦距30mm | 快门速度1/180s

光圈F8 | 感光度100 | 焦距17mm | 快门速度8s

光圈F22 | 感光度50 | 焦距16mm | 快门速度3.2s

2. 例外场景的曝光组合设置

在弱光环境下，如果使用小光圈+低感光度拍摄，那么相机测光后匹配的快门速度会很慢，此时就需要借助三脚架来拍摄。如果拍摄时机转瞬即逝，来不及安放三脚架，那么就需要像下图这样通过提高感光度的方式来提高快门速度，以保证拍摄出的照片清晰。

光圈F8 | 感光度640 | 焦距100mm | 快门速度1/160s

在拍摄星空类题材时，快门速度不能超过30s，否则容易将点点繁星拍出拖尾的效果，这时曝光组合要使用大光圈+高感光度，目的是在保证正确曝光的前提下，快门速度控制在30s以内。当然使用三脚架稳定相机也是必需的。

光圈F1.8 | 感光度500 | 焦距18mm | 快门速度30s

2.3.4 拍摄运动物体的曝光组合设置

扫码看视频

拍摄运动物体需要优先保证想要的快门速度，然后再根据景深和画质的需要设置光圈大小和感光度。需要注意的是，使用低于安全快门速度拍摄时需要借助三脚架来稳定相机。

1. 凝固物体运动瞬间的曝光组合设置

拍摄浪花

想要表现浪花飞溅的效果，需要使用较快的快门速度拍摄，例如1/500s，如果快门速度达不到要求，就需要通过增加光圈值或提高感光度来实现。

使用1/500s的快速快门定格飞溅的浪花
光圈F8 | 感光度640 | 焦距24mm | 快门速度1/500s

使用1/6400s的快门速度拍摄奔跑中的动物

拍摄动物

想要定格快速运动的物体，例如飞鸟、动物等，需要使用高速快门拍摄，例如1/2000s。为了实现这个拍摄效果，需要设置大光圈+高感光度。

光圈F4
感光度500
焦距600mm
快门速度1/2000s

2. 表现物体运动轨迹的曝光组合设置

拍摄絮状流水

想要表现絮状流水的效果，需要使用慢速快门拍摄，例如1/2s。为了实现这个拍摄效果，需要使用小光圈+低感光度拍摄。

光圈F11
感光度200
焦距18mm
快门速度1/2s

使用1/2s的慢速快门拍出拉丝效果的海水

拍摄飞鸟

拍摄飞鸟时也可以不使用高速快门拍摄，而使用较快的快门速度来表现翅膀飞舞的动静结合的效果，这时可以通过调低光圈大小和感光度数值来降低快门速度。

光圈F7.1
感光度400
焦距500mm
快门速度1/320s

使用1/320s的快门速度表现飞鸟舞动翅膀的动感效果

使用1/60s的快门速度拍出汽车飞驰的动感效果

光圈F5.6 | 感光度200 | 焦距58mm | 快门速度1/60s

拍摄飞驰的汽车

想要拍出汽车动感漂移的效果，需要使用较低的快门速度，通常快门速度控制在1/60~1/30s就可以。拍摄时先选择快门优先模式，然后设置快门速度，例如1/60s，感光度从最低感光度设起，接下来查看准确曝光的光圈值。如果光圈太大会影响景深，从而增加准确对焦的难度，因此需要通过逐步增加感光度来缩小光圈值。

拍摄烟花

拍摄烟花时，需要使用慢速快门拍摄，通常快门速度为5~20s。为了实现这个拍摄效果，需要设置小光圈+低感光度拍摄。

光圈F7.1
感光度100
焦距18mm
快门速度15s

使用15s的快门速度拍摄到绚丽的烟花

2.4 第4步：选择测光模式

数码相机的内部有一套专门的测光系统负责对拍摄场景的光线情况进行测量，以得到正确的曝光值。由于拍摄场景是复杂和多变的，为了使相机在各种拍摄场景下都能测量出正确的曝光值，相机的测光系统提供了多种测光模式供拍摄者选择，例如常用的区域平均测光（佳能相机称为评价测光、尼康相机称为矩阵测光）、中央重点测光和点测光。在拍摄时只要半按快门，相机就会自动测光，并将测光结果以光圈和快门速度组合的方式显示在液晶屏幕和取景器中。

2.4.1 如何设置测光模式

以佳能相机为例，按下机顶的测光按钮，然后旋转主指令拨盘，就可以选择不同的测光模式。

也可以通过液晶监视器显示调整。按Q键后，选择测光模式项，按SET按钮进入选择菜单，旋转速控拨轮更改测光模式。

2.4.2 常用的测光模式

1. 区域平均测光

区域平均测光是一种着重于焦点所对应的区域进行测光，同时对其他区域进行大体平均测光的智能测光模式，其测光结果非常可靠。

区域平均测光是拍摄者最常用的测光模式，也是最适合初学者使用的测光模式。这种测光模式的好处是可以轻易获得均衡的画面；其缺点是无法满足特殊拍摄场景的需要，比如大面积阴影和逆光等情况。

光线照射均匀的场景下，使用区域平均测光获得准确曝光

光圈F8 | 感光度200 | 焦距95mm | 快门速度1/400s

2. 中央重点测光

中央重点测光是一种着重于中央区域进行测光的测光模式。这种模式适用于拍摄合影或主体位于画面中央主要位置的照片，也是拍摄人像最常用的测光方式。

光圈F2.8
感光度100
焦距85mm
快门速度1/500s

使用中央重点测光对准人脸测光，可以获得准确的曝光效果

3. 点测光

点测光是一种对取景范围中很小的一部分特定区域（约3.8%）测光而不管其他区域的测光模式。例如拍下图时，如果使用区域平均测光对画面平均测光，就很容易出现曝光不准的情况（原因参见2.6.4小节的曝光补偿讲解），而如果使用点测光对准人物脸部测光，就会获得场景还原准确的曝光效果。

使用点测光针对亮光处的人脸进行测光，优先保证脸部曝光准确

光圈F2 | 感光度1600 | 焦距135mm | 快门速度1/25s

2.4.3 常见场景的测光技巧

简单来说，测光分为3个步骤，第一步，根据不同的场景选择不同的测光模式；第二步，选择测光点的位置；第三步，学会使用曝光锁定。下面我们将针对一些常见的拍摄场景，讲解如何正确测光以获得准确的曝光效果。

扫码看视频

1. 逆光风景的测光技巧

拍摄逆光风景的测光要领是最大限度地保留高光和阴影的细节。

在实际拍摄中，我们往往会面临两难的曝光选择。例如，如果对准亮光处测光，虽然可以准确还原亮部的细节，但近景的地面或阴影处会出现太黑、丢失细节的情况；反之，如果对准阴影测光，就会导致天空太亮，失去层次。对此，想要最大限度地还原高光和阴影的细节，就需要我们在测光时找到亮度适中的区域进行测光。例如拍摄下图时，首选设置相机的测光模式为点测光，然后使用取景器中的中心对焦点（加亮显示的小方框），半按快门对准太阳周边的云层测光（图中红框位置），接着按下＊键锁定曝光，最后再进行对焦和调整构图，完成拍摄。

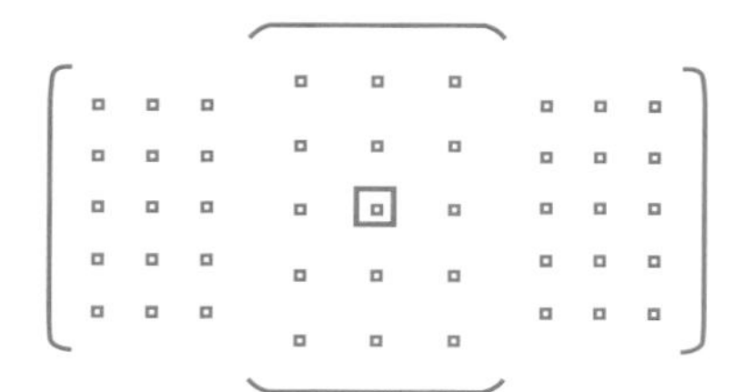

使用相机取景器中的中心对焦点测光

佳能相机的曝光锁定按钮

使用点测光对准红框位置测光　光圈F8 | 感光度100 | 焦距28mm | 快门速度1/40s

如果碰到明暗反差特别大的场景，即使选择了明暗适中的区域进行测光，仍然无法同时兼顾高光和阴影的细节，那么就需要借助包围曝光的方法来拍摄，即拍摄多张不同曝光效果的照片进行合成，详见7.10节。

小提示

在明暗反差较大的场景下，相机无法拍摄出人眼所能看到的明暗细节，原因是受到相机动态范围的影响。所谓动态范围，是指感光元件记录由最暗到最亮的光线强度范围的能力。人眼能区分的明暗光强范围要远大于相机，相机无法按照人眼所见来记录更多的明暗细节。当相机的动态范围无法满足记录场景的明暗范围时，例如出现死黑（暗部严重欠曝从而丧失层次）或死白（高光过曝从而丧失层次）现象就是不可避免的，这时最重要的就是优先保证主体获得最准确的曝光。

2. 逆光人像的测光技巧

拍摄逆光人像的测光要领是优先保证人物的脸部曝光充分。

拍摄逆光人像时，首先设置点测光，然后使用中心对焦点对准人物的脸部测光，这样就可以优先保证人物的脸部曝光准确，然后按*键锁定曝光，再进行对焦和构图。在保证脸部充分曝光后，由于背景与人脸的明暗反差较大，因此很容易导致背景过曝。对此有两种方法可以改善：一种方法是选择光线照射强度较弱的时间段拍摄，这样人脸与背景之间的明暗反差会弱一些，例如选择上午9点前或者下午3点后的时段拍摄；另外一种方法是想办法给人物的脸部补光，例如借助白纸或反光板等。

光圈F1.6
感光度200
焦距85mm
快门速度1/160s

使用点测光对准人物脸部进行测光

如果遇到明暗光对比差异很大的场景，而现场又不具备补光的条件，那么可以考虑让人物欠曝，拍出剪影的效果。这时的点测光要选择背景中的亮光区域进行测光。

光圈F2.4
感光度200
焦距35mm
快门速度1/4000s

使用点测光对准红框位置进行测光，拍出人物剪影效果

3. 窗户光人像的测光技巧

拍摄窗户光人像，建议使用点测光对准明暗交界位置进行测光，例如拍摄下图时，选择人物的额头位置进行测光。

光圈F3.2
感光度200
焦距24mm
快门速度1/40s

使用点测光对准模特额头进行测光，获得准确曝光效果

4. 舞台局部光的测光技巧

舞台灯光多为局部照射效果，为了能够让人物准确曝光，建议使用点测光对准亮光处进行测光。

光圈F2.8 | 感光度640 | 焦距200mm | 快门速度1/320s

使用点测光对准孩子脸部进行测光，获得准确曝光效果

5. 城市夜景的测光技巧

在拍摄城市夜景时，建议使用点测光对准较亮处进行测光，以保证较亮处不过曝。

使用点测光对准红框位置进行测光，获得准确曝光效果

2.5 第5步：选择对焦模式

2.5.1 什么是对焦

学习完如何测光后，在按下快门前还需要正确对焦。如何理解对焦呢？对焦是指通过手动（旋转镜头上的对焦环）或自动的方式，来改变镜头内的透镜与感光元件之间的距离，使光线通过镜头后，被摄主体能在感光元件上形成清晰的影像。在对焦过程中，被摄主体由模糊到清晰，最终成功对焦，这一过程称为合焦。

主体模糊 → 主体清晰，对焦成功

对焦过程

相机的对焦模式分为两种，一种是自动对焦模式，另一种是手动对焦模式。下面分别介绍两种对焦模式的使用方法。

2.5.2 如何使用自动对焦

自动对焦需要将镜头上的对焦模式开关切换到AF。在自动对焦模式下，相机能自动测量相机到被摄主体的距离，利用马达驱动镜头里的一些镜片，使其移动位置，以达到主体清晰对焦的目的。在相机的取景器中，我们可以看到一些对称分布的小方块，这些就是相机的对焦点。

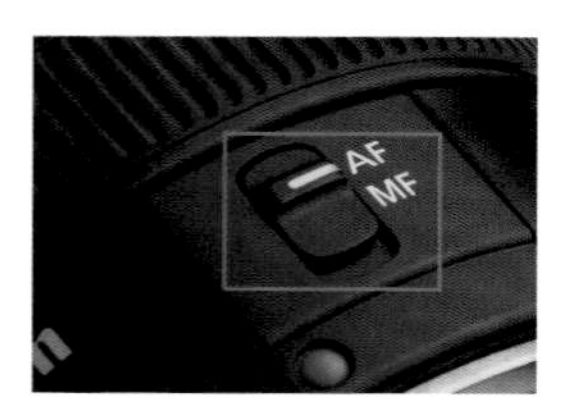

AF为自动对焦，MF为手动对焦

相机在对焦时，只能对这些小方块点的位置进行对焦，小方块点位置以外的地方，相机是无法完成自动对焦的。

默认情况下，相机被激活的对焦点为中心对焦点

手动移动对焦点至人物的眼睛进行对焦

佳能相机手动改变对焦点位置

扫码看视频

在拍摄上图时，当我们想要对人物的眼睛对焦时，就可以手动移动对焦点至人物的眼睛，然后进行对焦拍摄。要注意的一点是，不是所有对焦点的对焦精度都是一样的，通常中心对焦点的对焦精度要远高于周边的对焦点，这样我们就有了接下来的另外一种对焦选择。

如果我们对周边对焦点的对焦精度不放心，就可以先使用中心对焦点对准人物眼睛，然后半按快门对焦。对焦成功后，保持半按快门按钮不松手，然后水平轻移相机（相机将不再进行自动对焦操作），调整好构图后，按下快门按钮即可。这就是我们常说的“先对焦，后构图”。

2.5.3 选择正确的对焦模式和对焦区域

扫码看视频

当我们选择使用自动对焦时，如果想要获得准确的对焦效果，还需设置正确的对焦模式和对焦区域。特别是面对静止物体和移动物体进行对焦时，二者的对焦模式选择是不相同的。常见的自动对焦模式分为3种：单次自动对焦模式、连续自动对焦模式和自动切换对焦模式。下面是佳能相机对焦模式的设置方法。

01 佳能相机在自动对焦模式下，按下 AF 按钮，转动主拨盘，切换对焦模式，当前为单次自动对焦模式（ONE SHOT）。

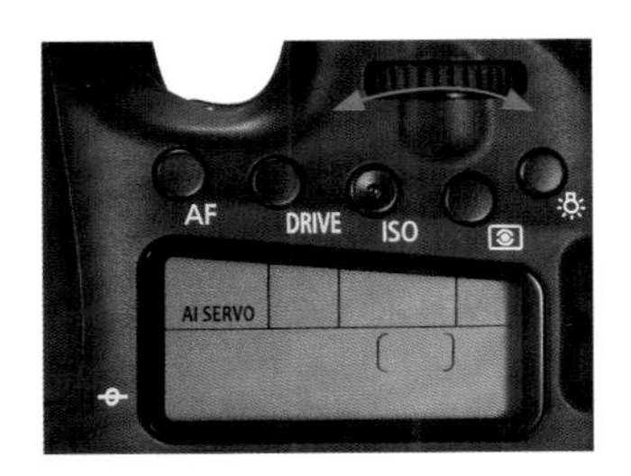

02 当前为连续自动对焦模式（AI SERVO）。

03 当前为自动切换对焦模式（AI FOCUS）。

1. 单次自动对焦模式

单次自动对焦模式（佳能ONE SHOT/尼康AF-S）用于拍摄静止物体，例如自然风光、静止状态下的人像、静物、花卉和小品等。单次自动对焦是每半按一次快门就会锁定对焦；如果在相机的对焦设置菜单里开启了提示音，那么对焦完成后，就会有一声提示音。当半按快门锁定对焦后，如果被摄体再次移动，相机是不会重新对焦的，结果就会拍摄到一张焦点不实的照片。想要再次对焦，就要松开手指，再次半按快门，重新对焦。

光圈F8 | 感光度200 | 焦距150mm | 快门速度1/180s

光圈F7.1 | 感光度320 | 焦距70mm | 快门速度1/160s

2. 连续自动对焦模式

连续自动对焦模式（佳能AI SERVO/尼康AF-C）用于拍摄连续运动的物体，例如具有连续运动轨迹的高速赛车、赛跑运动员、T台走秀的模特以及翱翔的飞鸟等。

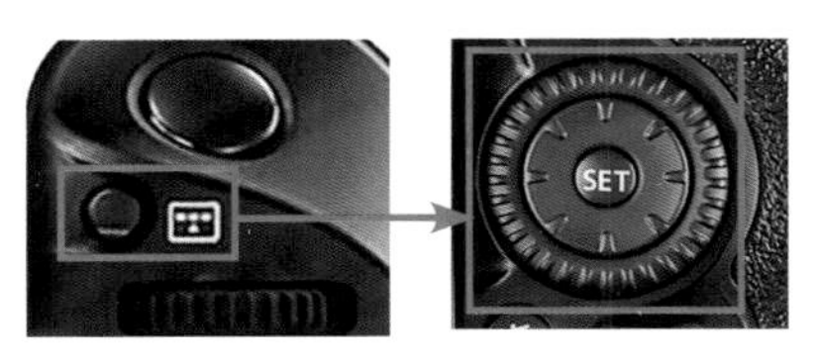

佳能相机手动选择对焦区域

连续自动对焦在半按快门进行对焦期间，如果被摄体或者相机位置移动了，相机会对被摄体进行连续不停的再次对焦，此时会听见镜头里发出轻微的“吱吱”声。另外，要注意连续对焦成功后，是不会有提示音提醒的。连续自动对焦需要和自动对焦区域组合使用，例如我们可以选择和单点自动对焦组合，可以和区域自动对焦组合，也可以和全部对焦点自动选择自动对焦组合。

与单点自动对焦组合

半按快门期间，只要选定的单一的对焦点一直对着拍摄对象，则拍摄对象无论向前还是向后运动，相机都会连续对焦（追焦），随时按下快门，都会得到一张该拍摄对象的清晰照片。需要注意的是，如果这个拍摄对象横向地偏离了选定的对焦点，那么相机是不能对其重新对焦的。

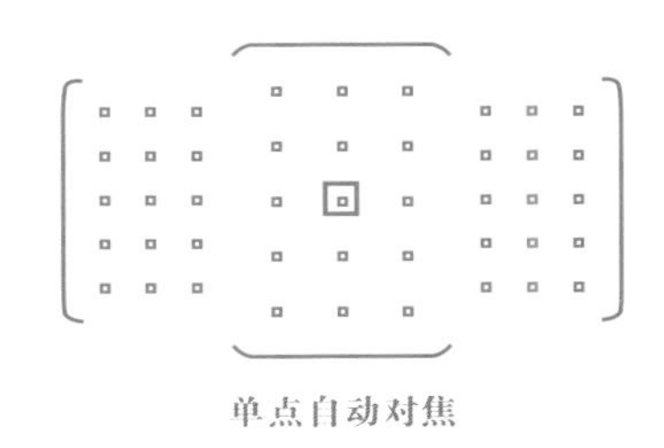
单点自动对焦

连续自动对焦模式+单点自动对焦可以有效追焦纵向走来的模特

与区域自动对焦组合

以佳能80D为例，自动对焦区域包括区域自动对焦、大区域自动对焦和45点自动选择自动对焦模式。

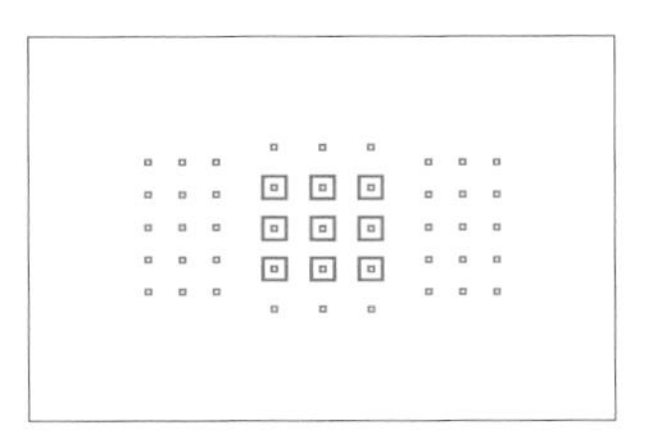

区域自动对焦

区域自动对焦模式下，相机把45个自动对焦点以9个点为一组分为5个区域，可手动选择1个区域用于拍摄。半按快门按钮期间，相机会对拍摄者所选定的单一的对焦点上的对象进行对焦，一旦这个拍摄对象与相机纵向的距离发生改变，相机就会对这个拍摄对象重新对焦。如果这个拍摄对象横向地偏离了选定的对焦点，只要其还在选定区域内的9个对焦点的覆盖范围之内，即使其已经偏离了原先选定的那个对焦点，相机仍可以保证这个拍摄对象在其他未被选定的对焦点上清晰成像。但是，此时如果有新的目标进入选定的对焦点上，只要新目标和原目标中的双方或任意一方相对相机发生纵向位置变动，相机的注意力都会被处在原先选定对焦点上的新目标吸引过去，并在原先选定的那个对焦点上对新的目标进行连续的重新对焦，而原目标清晰与否，相机就顾不上了。

只要奔跑中的小女孩在区域自动对焦的覆盖范围之内，相机就能连续跟焦拍摄

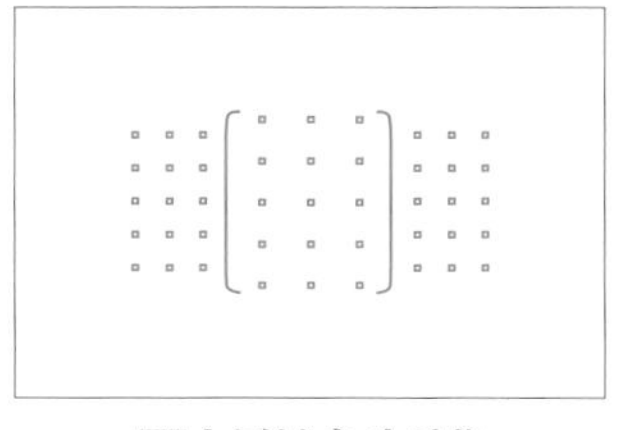

大区域自动对焦

大区域自动对焦模式下，相机把45个自动对焦点以15个点为一组分为左、中、右3个区域，可手动选择1个区域用于拍摄。其对焦过程同区域自动对焦一样。

使用这两种区域自动对焦模式需要注意的是，在区域范围内有多个运动物体时，相机捕捉到的焦点不一定是拍摄者想要拍摄的主体。

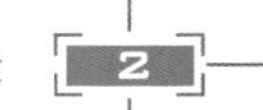

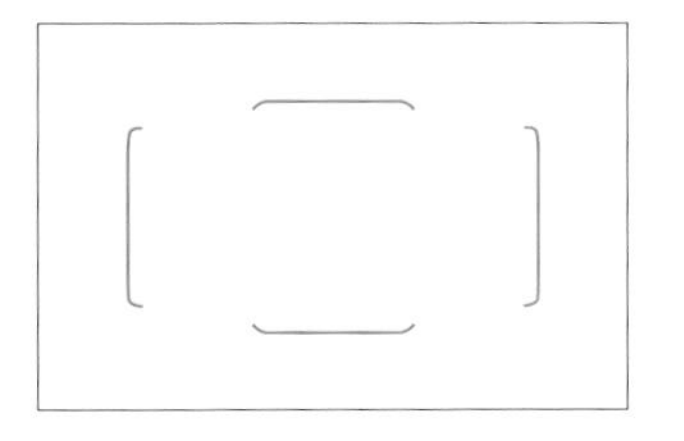

[ ]45点自动选择自动对焦

[ ] 45点自动选择自动对焦模式下，相机会对所有对焦点范围内的移动物体进行追焦。

全部对焦点自动选择自动对焦这种自动对焦区域类型有其明显的缺点，即将对焦点交由相机自动选择时，效果往往不遂人意。因为这时相机会自动分析画面选定一个对焦点作为对焦目标，如果镜头移动或者画面里的景物发生了运动，相机就会重新自动分析画面，选定一个新的对焦点作为对焦目标。使用这种操作方法，在完全按下快门时，最清晰的对象可能是最初的目标，也可能不是最初的目标，这是拍摄者无法掌控的。这种对焦方法适合拍摄没有特定目标的群体性活动。

预先想对焦的目标是女孩

男士进入画面后，焦点却对在了男士身上

3. 自动切换对焦模式

自动切换对焦模式（佳能AI FOCUS/尼康AF–A）是由相机根据被拍摄对象是否移动来自动选择是采用单次自动对焦还是选择连续对焦的对焦模式。自动切换对焦模式非常适合拍摄时停时动的主体。同时，它还适合于拍摄运动轨迹不规律的主体，比如在足球、篮球等体育比赛中，运动员做急停转身、折返跑等动作时，这种模式能发挥出比较强大的对焦能力。

采用自动切换对焦模式拍摄的溜冰儿童

2.5.4 提高对焦成功率的埋伏对焦

光圈F3.2
感光度400
焦距200mm
快门速度1/640s

当我们可以预判运动物体的运动轨迹时，就可以通过提前埋伏对焦的方法来提高对焦的成功率。以下图为例，设置对焦模式为单点单次自动对焦，对准荷花的花瓣对焦，并半按快门锁定对焦，然后等到蜜蜂经过该位置时，按下快门完成拍摄。

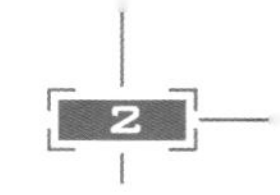

2.5.5 如何使用手动对焦

手动对焦是指将镜头上的对焦模式切换开关移动到MF（M）挡，通过转动镜头上的对焦环来实现对焦的过程。这种对焦方式很大程度上依赖人眼对对焦屏影像的判断及拍摄者的熟练程度。目前，尽管自动对焦技术已经能够满足绝大部分拍摄场景的拍摄要求，但是手动对焦依然有一定的运用空间，有些情况下仍然需要使用手动对焦才能完成拍摄。

在对比度不够的场合

有时候，即使光线充足，但是如果画面的对比度比较低，例如拍摄一幅净色的墙壁，自动对焦也可能会失效，或者导致对焦不准。这时候就需要使用手动对焦。

在弱光环境下

在光线不足的情况下，画面中景物的对比度会随之降低，这往往会导致相机无法自动对焦，甚至根本无法完成合焦。这时候就需要使用手动对焦。

光圈F8 | 感光度400 | 焦距75mm | 快门速度10s

微距

在拍摄微距题材的时候，画面的景深范围会很浅，差之毫厘将谬以千里，使用自动对焦拍摄是非常困难的，特别是需要“先对焦后构图”的时候，很容易失焦，这时候常常需要切换为手动对焦来拍摄。

光圈F22 | 感光度100 | 焦距100mm | 快门速度1/60s

隔着玻璃拍摄

有时会碰到需要隔着玻璃拍摄的情况，例如参观水族馆、从室外拍摄室内人像等。如果使用自动对焦拍摄，通常相机会将焦点锁定在玻璃上的污迹或倒影上。这时候，使用手动对焦要比使用自动对焦一次次半按快门“碰运气”更有效率。

光圈F2.8 | 感光度200 | 焦距50mm | 快门速度1/2000s

要想让每张照片都能精准合焦，还需要掌握以下手动对焦的操作要领。

01 在对焦时，在焦点附近来回拧动对焦环，一点点缩小范围，然后确定焦点。

02 在使用三脚架的时候，可以打开实时取景功能，放大焦点，再用对焦环进行微调。

扫码看视频

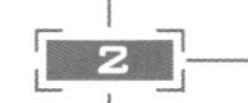

2.5.6 常见拍摄题材的对焦点选择

对于常见的拍摄题材，如何选择对焦点的位置是有一定窍门的，下面分别进行介绍。

1. 人像照片的对焦点选择

人物的特写照片一般是以人物脸部为表现重点的半身照片。这类照片需要通过表情神态来达到刻画人物特征乃至内心的目的。眼睛是拍摄人物特写时焦点的第一选择。当人物正面面对相机时，此时双眼在同一平面上，所以以任何一只眼睛作为焦点都可以；但这样的取景会过于平面化而显得比较普通，因此大多数摄影师会采取人物的半侧面角度进行取景拍摄，此时人的眼睛就会处于一前一后的位置，拍摄时以靠近相机一侧的眼睛作为焦点是最好的选择，因为它的位置明显要比后面的眼睛更重要。

光圈F1.6
感光度400
焦距85mm
快门速度1/1600s

在拍摄包括人物半身、全身的肖像以及环境人像时，我们无法做到精确地对人的眼睛进行对焦，那么，快速便捷地选择焦点的关键就是将人物的头部作为对焦点。无论是为了表达人物的动作还是为了表达人物的姿态，人物脸部特征都是照片中的关键。

人的一举一动都是受大脑控制的，因此头部将成为支配全身的中枢。拍摄时我们可以预先对人物的脸部或头部进行对焦，而后在人物全身姿态达到理想状态时，迅速重新构图并快速拍摄。

光圈F2.8 | 感光度200 | 焦距200mm | 快门速度1/2000s

2. 风光照片的对焦点选择

当拍摄一览无余的大场景时，我们可以选择对焦在无穷远处，例如下图中对准远山对焦，就可以获得理想的对焦效果。

光圈F10
感光度200
焦距70mm
快门速度1/250s

如果场景中有明确需要重点突出的点，那么就对准该点对焦，例如下图中的小船和人物，就是我们要选择的对焦点。

光圈F11
感光度200
焦距70mm
快门速度1/500s

当纳入了大量前景，并想让前景的效果清晰时，就需要对准前景进行对焦。

在对焦的过程中，我们不必一定要对准距离镜头最近的前景，也可以运用超焦距，将对焦点对准在超焦距点的位置，这样就可以获得最大限度的前后景深范围。

光圈F11
感光度200
焦距24mm
快门速度1/100s

粗略估算可知，超焦距点的位置通常位于画面靠近镜头的1/3处。具体怎么计算超焦距呢？只要记住下面的简单估算公式就可以了。

超焦距$H=F^2/(f\times c)+F$（其中H为超焦距，F为镜头焦距，f为光圈值，c为弥散圆直径）

例如，使用佳能80D搭载佳能EF 24mm F2.8 IS USM镜头，焦距为24mm，光圈值设定为11，这时的超焦距H=（24×24）÷（11×0.019）+24≈2780（mm）≈2.8（m），即在2.8m处对焦，就可以得到从1.4m到无穷远的景深。注意：不同画幅相机的弥散圆直径数值是不相同的，全画幅相机的弥散圆直径为0.032，半画幅相机的弥散圆直径为0.019。

在实际拍摄时，要知道画面所需要的景深范围是否包括无穷远，如果包括，才会涉及使用超焦距的问题。在使用超焦距时，还要注意拍摄对象中是否有较近的景物需要包括在景深范围内。如果有，使用超焦距才有价值，否则会弄巧成拙。由此可见，当希望远处的景物和尽可能近的景物都在景深范围内时，选择超焦距点对焦和设置较小光圈才是最佳的选择。

3. 合影照片的对焦点选择

在面对一群人进行拍摄时，我们往往会被不断变化着的众人所干扰，不知道将焦点对在哪里。其实最简单的方法就是寻找一个关键的人物作为焦点并进行追踪对焦，同时用眼睛的余光不断地留意其他人物的动态，当其他人物和关键人物的位置关系达到和谐统一时，及时按下相机快门完成拍摄。

光圈F4 | 感光度400 | 焦距135mm | 快门速度1/640s

4. 动物类照片的对焦点选择

拍摄动物类照片时，对焦点一定要选择眼睛对焦，这样才能拍出动物的神韵来。

光圈F2.8 | 感光度400 | 焦距300mm | 快门速度1/1250s

5. 花卉照片的对焦点选择

拍摄花卉的对焦点选择有两种情况，如果是远距离拍摄，那么选择花瓣进行对焦即可。

光圈F14
感光度200
焦距200mm
快门速度1/60s

如果是近距离拍摄花卉特写，那么选择花蕊进行对焦是最好的选择。

光圈F3.5
感光度200
焦距70mm
快门速度1/1600

2.6 第6步：设置曝光补偿，纠正曝光效果

当我们学会了测光、对焦并按下快门拍摄了一张照片后，会发现有的时候拍摄到的照片曝光效果并不准确，有的欠曝，有的过曝，这是什么原因导致的呢？该如何解决这些问题呢？我们首先要学会正确判断照片的曝光效果。

2.6.1 什么是正确曝光

简单来说，曝光就是指照片成像的明暗效果。如果照片拍得太暗，我们就称之为曝光不足（欠曝）；如果照片过亮，就称之为曝光过度（过曝）。右图是一张曝光不足的照片，人物脸部很黑。

右图是一张曝光过度的照片，人物脸部太亮。

明确了什么是曝光不足和曝光过度的照片后，那么什么样的照片是曝光准确的呢？对于大多数拍摄场景而言，准确的曝光效果就是指右图这样整体亮度适中，明暗都有细节，色彩饱和、正常的照片。

2.6.2 在相机上查看曝光效果的三种方法

扫码看视频

我们可以通过在相机上调整液晶监视器的亮度、设置高光警告、查看直方图来判断照片的曝光效果。

1. 调整液晶屏的亮度

在不同的照明环境下观看液晶监视器时，相同的画面会产生不同的视觉效果。正确地设置液晶监视器的亮度，不但可以准确地查看照片的曝光情况，还能够合理地利用电源。

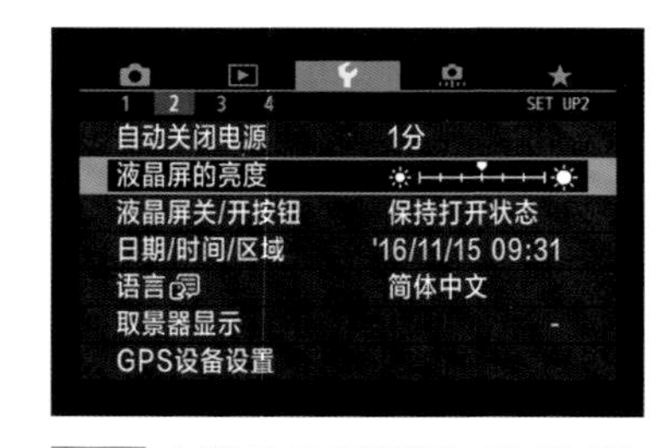

01 在菜单设置页面下选择“液晶屏的亮度”选项。

02 在其中设置合适的亮度级别，然后按 SET 按钮确认。

2. 设置高光预警

在室外拍摄时，经常会遇到光线太强而看不清相机显示屏的情况，这时相机的高光警告功能就非常实用。启动该功能后，画面中曝光过度的区域将会不停地闪烁。

01 在菜单设置页面下选择“高光警告”选项。

02 选择“启用”选项，开启高光警告功能。

03 开启高光警告功能后，当查看拍摄的画面时，会看到曝光过度的区域一直不停地闪烁。

3. 查看直方图

查看照片时，连续按机身上的INFO. 按钮，就可以选择查看照片的直方图。直方图真实地反映了一张照片中像素的明暗分布情况，它以波状图的形式来表示。图像中的所有像素范围为0~255，最左侧的亮度值为0，表示纯黑；最右侧的亮度值为255，表示纯白。

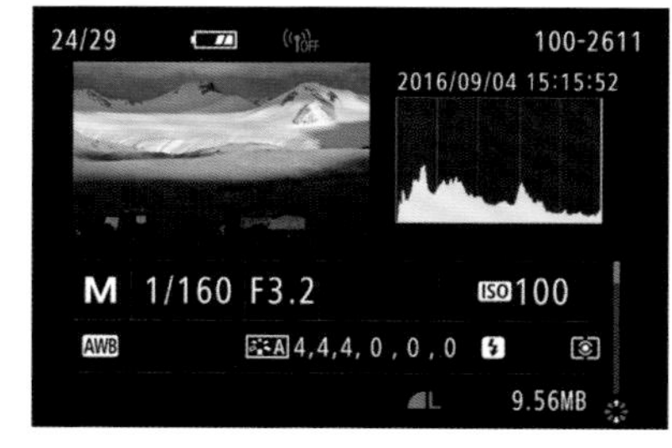

直方图是调整照片明暗时的重要依据，原则上应保证左右两侧“不起墙”；如果出现右图所示的左右两侧“起墙”的情况，就代表阴影区域欠曝、高光区域过曝。

白色像素块偏向左边，而右边白色像素块很少或没有，基本上可以判断照片曝光不足。

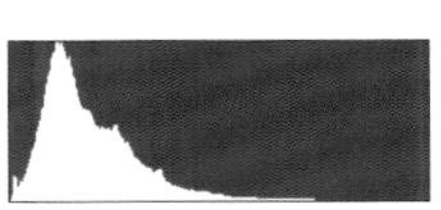

曝光不足直方图

白色像素块偏向右边，而左边白色像素块很少或没有，基本上可以判断照片曝光过度。

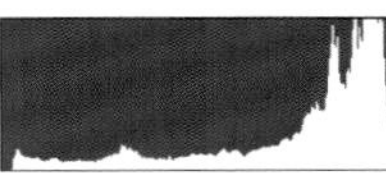

曝光过度直方图

像素块从左到右都有分布，大部分聚集于中间部分，而且两边都有部分的像素块（即明暗细节都有），可以判断照片曝光正确。

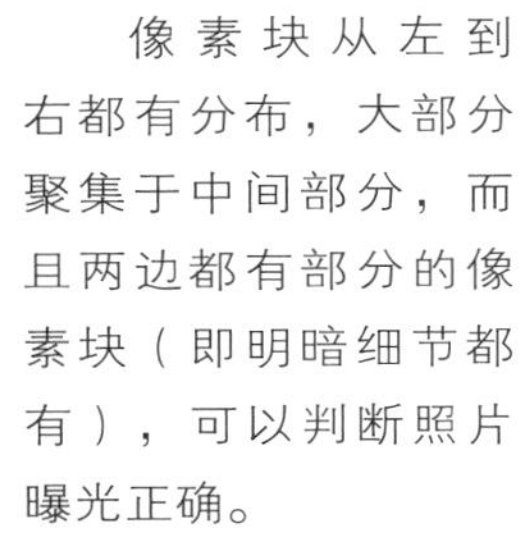

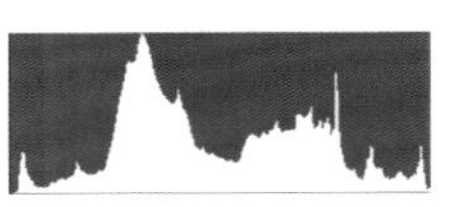

曝光适中直方图

左右两侧都没有像素块，像素块大部分聚集在中间，说明照片对比度不足，缺少暗部和亮部，可以判断照片发灰。

反差低直方图

2.6.3 例外的正确曝光效果——灰调、低调和高调

拍摄过程中，运用上面的知识，通过查看直方图的形状，基本上可以判断出照片的曝光是否正确。但直方图也不是万能的，要最终确定照片是否有问题，还要结合画面所要表现的主题来综合判断。

看到右面的直方图分布，我们会初步判断这是一张对比度不足的照片。当我们结合画面分析时，会发现受雾气的影响，照片呈现灰调的画面氛围是正常的，因此此种情况下并不适合依照对直方图的判断来增加对比度。

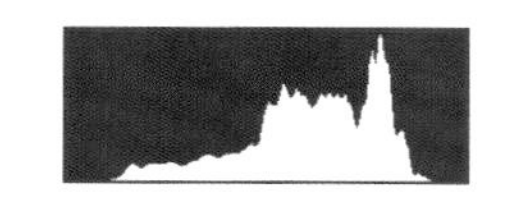
分析直方图，可以初步判断照片对比度不足

这是一张曝光正确、表现雾气缭绕的灰调照片

分析右面的直方图，我们会初步判断这是一张欠曝的照片，需要增加曝光量。但结合照片内容来看，这张照片表达了一种暗调的画面氛围，如果增加曝光量，会破坏氛围，因此此种情况下并不适合依照对直方图的判断来增加曝光量。

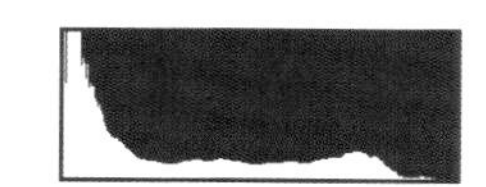
分析直方图，可以初步判断照片为欠曝

这是一张曝光正确、表现暗调氛围的照片

同样的道理，右面这张表现高调氛围的照片，如果根据直方图来判断，会认为这是一张过曝的照片，需要减少曝光量，但这样就会丢失高调的氛围效果，让照片归于平淡。

分析直方图，可以初步判断照片为过曝

这是一张曝光正确、表现高调氛围的照片

由此可见，直方图只是对判断曝光效果起到了一定的参考作用，我们并不能完全依赖直方图来调整曝光效果，而是要在参照直方图的基础上，结合画面内容表达的需要来判断最终的曝光效果是否正常。

判断完照片的曝光效果是否正常后，我们就需要对照片的曝光不准进行纠正，纠正的方法是使用曝光补偿。

2.6.4 纠正曝光不准，学会使用曝光补偿

曝光补偿是在相机自动曝光的基础上，允许拍摄者人为地改变光圈大小和快门速度的曝光组合，以使照片更明亮或者更暗的一种曝光调整功能。曝光补偿的数值用EV值来表示，数码相机的曝光补偿调整范围一般为±2EV~±5EV（不同机型的曝光补偿范围不同），可以以±1/3EV或±1/2EV为增（减）量进行选择。一般情况下，正补偿使照片更亮，负补偿使照片更暗。

光圈F9 | 感光度100 | 焦距55mm | 快门速度1/1000s | 曝光补偿-1EV

无曝光补偿

光圈F9
感光度100
焦距55mm
快门速度1/500s

光圈F9 | 感光度100 | 焦距55mm | 快门速度1/250s | 曝光补偿+1EV

在佳能相机上设置曝光补偿的步骤如下。

01 将模式转盘设置在相应的挡位上，如Av、Tv或者P。

取景器底部曝光量指示标尺

02 半按快门按钮并查看取景器或液晶显示屏中的曝光量指示标尺。

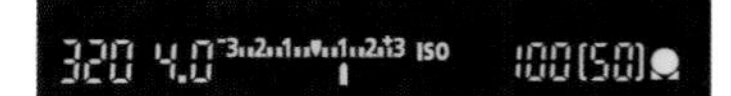

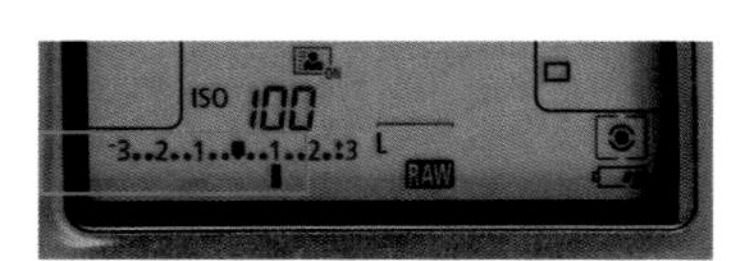

03 注视取景器或液晶显示屏的同时，转动速控转盘，选择合适的曝光补偿量。

曝光补偿只有在光圈优先、快门优先和程序自动曝光模式下才允许使用。当使用光圈优先模式时，减少曝光补偿会提高快门速度，增加曝光补偿会降低快门速度，这里的提高或降低快门速度，是指在相机测光后所匹配的快门速度的基础上的进一步提高或降低；当使用快门优先曝光模式时，增加曝光补偿会增加光圈大小，减少曝光补偿会减小光圈大小，这里的增加或减小光圈大小，是指在相机测光后所匹配的光圈大小的基础上的进一步增加或减小。

扫码看视频

2.6.5 提前预判，用好曝光补偿

在拍摄过程中，我们不一定非要在拍摄完成一张照片后，再通过查看曝光是否准确来设置曝光补偿，而是可以通过对场景的提前预判，先设置好曝光补偿，让曝光效果准确。

1. 提前设置曝光补偿的原则

提前设置曝光补偿需要依据什么样的原则呢?

相机的测光系统是以18%的中灰色调为基准的。这种中灰色调是被摄景物中亮色调、中间色调以及暗色调经过混合后，产生的一种反射率为18%的色调。

当我们半按快门进行测光的时候，相机将根据测光系统感知的亮度，与反射率为18%的中灰色调基准进行对比，来设置光圈与快门的曝光组合。如果景物的光反射率超过18%，相机会认为景物太亮（白）了，就自动减少曝光量；反之，景物的光反射率低于18%，相机会认为景物太暗（黑）了，就自动增加曝光量。

反射光线5%

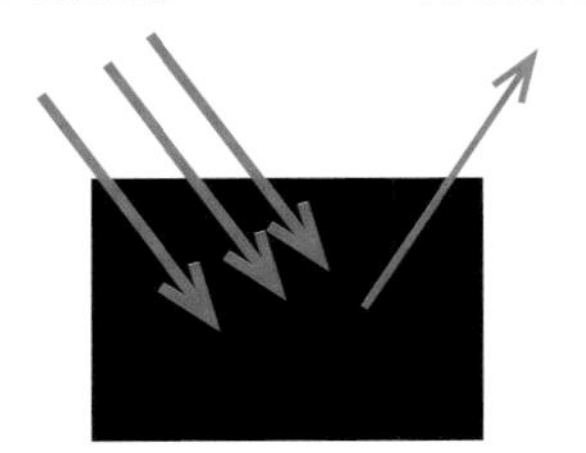

黑色物体光线反射率

入射光线100%　反射光线18%

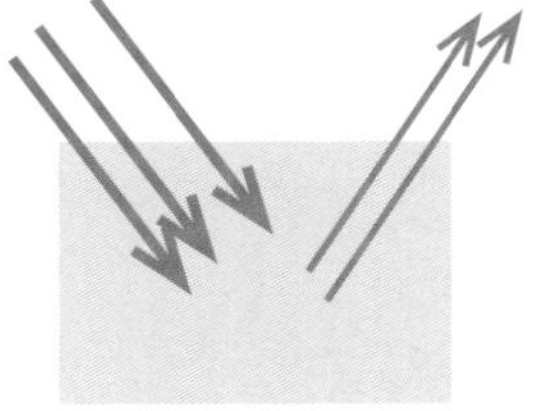

中性灰物体光线反射率

入射光线100%　反射光线95%

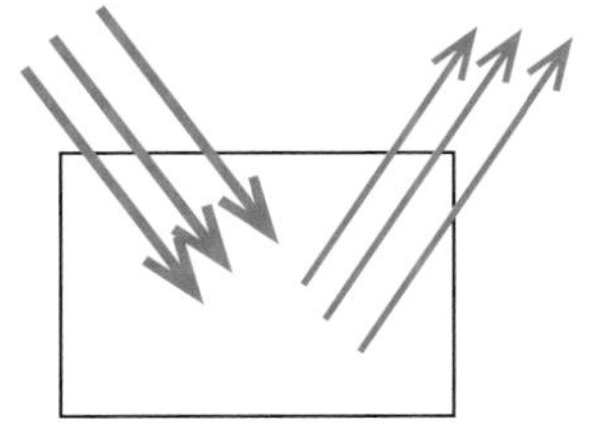

白色物体光线反射率

依据这一特性，我们就总结出“白加黑减”的原则，即当画面中白色物体或者亮部占比较多时，需要在相机的自动曝光基础上增加曝光；当画面中黑色物体或暗部占比较多时，需要在相机的自动曝光基础上减少曝光。

具体的曝光补偿数值需要根据现场的情况和拍摄者的经验来确定。没有经验的话，可以先从±0.3EV开始设置，如果不够，再增或减，直到感觉合适为止。

2. 增加曝光补偿的场景

依据“白加”的曝光补偿原则，当画面中出现大面积的白色时，例如拍摄雪地、大雾以及有大面积白色墙壁的场景时，我们都可以预先增加曝光补偿，以获得准确的曝光效果。

光圈F5.6
感光度200
焦距50mm
快门速度1/125s
曝光补偿+0.5EV

在拍摄人像时，为了能够让人物的脸部看起来更加白皙，可以通过增加曝光补偿的方式来提亮肤色。

光圈F1.8 | 感光度200 | 焦距85mm | 快门速度1/1600s | 曝光补偿+0.5EV

3. 减少曝光补偿的场景

依据“黑减”的曝光补偿原则，当画面中出现大面积的深色时，例如拍摄人物时出现大面积深色背景，就需要减少曝光补偿。

光圈F2.8
感光度200
焦距50mm
快门速度1/125s
曝光补偿-0.5EV

另外，在拍摄日出日落的场景时，为了更好地还原云霞的层次，也需要减少曝光补偿。

光圈F8 | 感光度200 | 焦距15mm | 快门速度30s | 曝光补偿-1EV

如果想要拍出剪影效果，那么减少曝光补偿可以让影的效果更加突出

光圈F20 | 感光度800 | 焦距55mm | 快门速度1/1100s | 曝光补偿-0.3EV

2.7 思考与练习

通过前文的学习，我们了解了拍摄一张照片所需要的基础操作。接下来，我们通过一些具体的练习来进一步地巩固前面讲到的知识点，以帮助大家更好地掌握基本的拍摄要领。

● 室内复杂光线下，该如何设置白平衡

● 拍摄人像照片时，该选择哪种曝光模式

拍摄人像照片时，应该使用快门优先还是光圈优先模式？使用手动模式可不可以？

● 调整曝光三要素的基本原则是什么

在实际拍摄过程中，针对曝光三要素的光圈大小、快门速度和感光度，应该优先考虑哪一个？

● 测光的关键是什么

测光的关键是什么？是测光模式还是测光点的选择？

● 拍摄飞舞的蜜蜂，该如何正确对焦

拍摄荷花上飞舞的蜜蜂时，应使用单次对焦还是连续对焦？

● 哪些曝光模式下可以使用曝光补偿

曝光补偿的原理是什么？其适用于哪些曝光模式？

第3章

一学就会的构图法

3.1 构图的目的

对拍摄者来说，构图的目的有两个：一是突出被摄主体，即使观者的视线能被吸引到被摄主体上；二是要使画面简洁，只保留必要的元素，消除或减少分散观者注意力的元素。

为了达到这两个目的，我们就需要掌握在拍摄前通过取景器巧妙构图的技术，它们包括：拍摄者如何把观看者的注意力吸引到被摄体上，如何解决好主体与其他景物的比例关系，如何安排主体在画面中的位置，以及如何处理好对主体的布光等。

画面杂乱，主体不突出

光圈F20 | 感光度800 | 焦距55mm | 快门速度1/1100s

光圈F2.8 | 感光度200 | 焦距200mm | 快门速度1/2000s

拍摄要点：①通过大光圈加长焦距来虚化背景，使画面简洁；②选取形状整齐、规律的一组桃枝作为主体，以保证突出的主体的美观性。

3.2 认识主体、陪体和背景

在学习构图前，我们先要认识一张照片的构成，即主体、陪体和背景。

3.2.1 主体要突出

主体是画面的中心和兴趣点所在，占据着画面的显著位置，它可以是一个对象，也可以是一组对象。当我们看到一张照片时，最吸引我们的位置被称为视觉中心。好的构图就是要把主体放在视觉中心的位置，然后通过调整虚实、控制明暗或者改变焦距等来突出主体。

光圈F2.8 | 感光度100 | 焦距100mm | 快门速度1/800s

拍摄要点：①通过大光圈加中焦距来虚化前景和背景，简化背景；②靠近人物取景，一是能缩小景别，二是能更虚化前景和背景；③保持人物头部、脖子等位置没有蔷薇花、枝和叶子，防止它们遮挡主体人物。

拍摄要点：①选择天刚暗下来、灯光刚亮起的魅力蓝时刻拍摄；②以干净透亮的蓝天作为背景，冷色天空与暖色的建筑形成了视觉差别明显的对比效果。

光圈F9 | 感光度100 | 焦距19mm | 快门速度10s

3.2.2 陪体有什么作用

陪体是对主体的有力衬托，能够起到突出主体的作用。在使用陪体时，应避免陪体喧宾夺主，影响主体的表现，以做到简洁有效。接下来，我们具体分析陪体的作用，看它是如何有效突出主体的。

拍摄要点：①通过大光圈加中焦距来虚化前景和背景；②调整取景高度，避免前景的花朵过高，影响人物表现。

作用一：渲染气氛。利用一些富有季节性和地方特征的花草树木，渲染季节气氛和地方色彩，可以表现出浓郁的生活气息。

光圈F2.8
感光度100
焦距100mm
快门速度1/800s

拍摄要点：增加毛驴作为陪体，原本普通的人像照片令人耳目一新。

作用二：增加画面趣味性。好的陪体可以丰富画面结构，增添画面趣味性。

光圈F3.5
感光度200
焦距59mm
快门速度1/80s

作用三：与主体形成内容呼应。好的陪体不但要在形式上与主体形成呼应，还要在内容上与主体形成呼应，这样才能引发观看者的共鸣，促使其品味和思索。

拍摄要点：①使用单点单次对焦模式对准人物对焦，然后半按锁定对焦；②在作为陪体的斗鸡跃起时按下快门。

光圈F4 | 感光度200 | 焦距195mm | 快门速度1/800s

作用四：平衡画面，增加空间感。在主体前后增加陪体，可以起到平衡画面结构，延伸画面空间的作用。

拍摄要点：①选择形状奇特的枯树枝作为前景，与主体远山形成呼应，有效地平衡了画面结构；②取景时，应反复调整取景高度，避免前景和远山之间出现拥堵；③使用低速快门，保证湖面呈现出镜面效果，更好地突出主体。

光圈F22 | 感光度100 | 焦距21mm | 快门速度30s

3.2.3 什么是好的背景

背景位于主体背后，起到衬托主体的作用。背景的选择范围十分广泛，例如可以选择天空、草地、山峦和墙壁等。好的背景应尽量简洁，并能够与主体形成呼应，有效烘托主体。下面我们通过图例具体介绍什么样的背景是好的背景。

光圈F11
感光度100
焦距85mm
快门速度1/125s

好的背景要简洁。拍摄室内人像照片时，可以选择白色或彩色的墙壁，使背景看起来简约，这样就能使人物形象更加突出。

拍摄要点：选取色调统一的深色背景布，既能简化背景、突出人物，又能使画面具有一定的层次感。

拍摄剪影类照片时，选择简洁的天空作为背景，可以更有效地突出主体的轮廓美。

拍摄要点：①使用点测光对准太阳周边较亮的区域测光；②避免过高的树木与长颈鹿出现叠影；③背景中的树木与长颈鹿之间要有一定的距离。

光圈F9 | 感光度100 | 焦距164mm | 快门速度1/125s

好的背景可以交代环境信息，并与主体形成呼应。在拍摄环境类人像照片时，丰富的背景信息有助于观看者更好地理解拍摄所处情境与人物之间的关联，起到烘托主体人物的作用。

拍摄要点：①选择特色鲜明的建筑作为背景，拍摄时要注意避免人物的头部与建筑物重叠；②使用点测光对准人物脸部测光；③使用广角镜头贴近人物，低角度仰拍，使人物形象更突出。

光圈F2.8
感光度200
焦距85mm
快门速度1/800s

认识了画面的构成要素，接下来，我们围绕如何有效突出主体、合理安排陪体以及选好背景来学习一些常用的构图法。

3.3 最常用的三分构图法

三分法构图将画面横向或纵向分成3等份。在风光照片中，横向三分法常用于带有天际线的画面，天际线的位置既可以安排在画面下方1/3处，也可以安排在画面上方1/3处。总之，要避免将天际线放在画面中间，将照片拍得呆板。

横向三分法构图

扫码看视频

拍摄要点：①拍摄右图时，为了保留更多的天空中的晚霞，使用横向三分法构图，将驼队放在画面下方1/3处；②使用点测光对准天空中较亮的云层测光，可以准确还原天空的细节层次，获得剪影的画面效果。

光圈F11 | 感光度100 | 焦距55mm | 快门速度1/800s | 曝光补偿-1EV

拍摄要点：①同样是拍摄霞光绚丽的场景，但与上图缺少可利用的前景不同，右图大片的花海很适合作为重点突出，为了突出大面积的花海，在使用三分法构图时，将地平线放在画面上方1/3处，这样既保留了远处的晚霞，又突出了花海；②使用点测光对准远处的红霞位置测光，保证云层细节的准确还原。

光圈F16 | 感光度200 | 焦距55mm | 快门速度6s

在拍摄人像照片时也会用到横向三分法构图，例如在拍摄竖幅的半身特写照片时，我们会将人物的眼睛放在画面横向三分线的上方1/3处，以实现突出人物眼睛的目的。

光圈F2.8
感光度200
焦距55mm
快门速度1/500s

拍摄要点：①使用大光圈虚化背景，使主体人物突出；②在人物的神态、肢体动作到位时快速按下快门。

纵向三分法构图更适用于拍摄人像照片，无论是将主体人物放在左侧还是右侧的三分线上，都能得到不错的视觉突出的效果。

纵向三分法构图

拍摄要点：①选择简洁、晴朗透亮的天空作为背景；②低角度拍摄，可以让身材看起来更加修长。

光圈F3.2 | 感光度100 | 焦距135mm | 快门速度1/2000s | 曝光补偿+0.3EV

3.4 经典的九宫格构图法

九宫格构图是将画面平分为9等份，然后将需要表现的主体放在九宫格的4个交叉点上的构图方式。这种方式可以更好地突出主体，吸引观者的注意力。

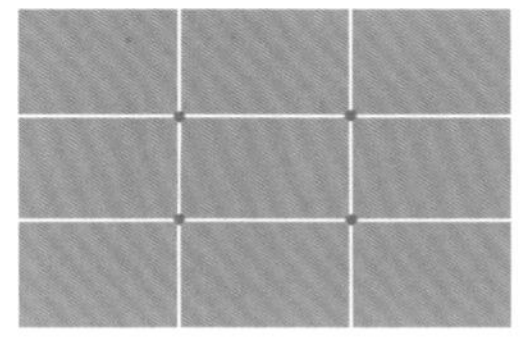

九宫格构图

扫码看视频

拍摄要点：①将人物脸部安排在右上角的九宫格位置，可以实现对主体人物的有效突出；②使用点测光对准人物脸部较亮的区域测光，可以优先保证人物脸部的曝光准确。

光圈F2 | 感光度1000 | 焦距32mm | 快门速度1/125s

在九宫格构图中，主体不一定非要放在交叉点的位置，只要将想要表现的主体大致安排在接近于这个点的位置，同样可以很好地突出主体。

拍摄要点：①安排人物位于右侧接近九宫格交叉点的位置附近；②使用点测光对准天空较亮的云层测光，表现剪影效果；③增加左侧的木桩，实现画面的左右平衡。

光圈F2.8 | 感光度400 | 焦距70mm | 快门速度1/800s

3.5 线条构图法

利用线条构图可以丰富画面的动感，强化空间感，让单一的画面不再单调。

3.5.1 迷人的曲线

借助弯曲的小路、河流等进行构图，可以让画面不呆板；同时曲线还能起到延伸画面空间感的作用。

拍摄要点：①我们发现不了很多曲线场景，主要原因是我们的视野高度不够，选取高处、视野开阔的位置，才能看得更远、更全；②构图时应尽量避开影响画面美感的杂乱枝头。

光圈F10 | 感光度100 | 焦距30mm | 快门速度1/125s

扫码看视频

拍摄要点：①抬高视点，可以完整地看到弯曲的公路；②长时间的曝光完整地记录了汽车灯光的轨迹，增加了画面的趣味性。

光圈F16 | 感光度100 | 焦距24mm | 快门速度30s

曲线构图不仅适合风光摄影，也适合表现人物的曲线，尤其是对于需要表现女性的柔美，展示女性身体曲线的摄影，这种构图更具表现力。

拍摄要点：①人物扭腰转胯，表现了肢体的曲线效果；②利用旗袍与折扇的搭配，展现了人物的古典美。

光圈F2.8
感光度200
焦距200mm
快门速度1/1000s

3.5.2 动感的斜线

斜线不仅能够给人一种力量和方向感，同时还能增强主体本身的气势和画面整体的视觉冲击力。

拍摄要点：①拍摄时，向左倾斜相机，表现出摩托车飞驰的动感气势；②安排主体位于右下方的九宫格位置，使摩托车的视觉效果十分突出；③橘红色摩托车与背景之间形成强烈对比。

光圈F14
感光度100
焦距125mm
快门速度1/200s

在人像摄影中，采用对角线构图可以传达出强烈的画面动感，特别是在拍摄美女人像时，如果不能体现身体自然的曲线，可以适当地调整模特的身体线条，使之在画面中形成对角线，这样能在一定程度上让人物不呆板，使画面显得生动、活泼。

扫码看视频

拍摄要点：①安排人物呈倾斜的姿态；②缩小构图景别，让对角线的构图效果更加清晰、突出。

光圈F3.2 | 感光度400 | 焦距50mm | 快门速度1/100s

3.5.3 强化视觉中心的汇聚线

汇聚线是指画面中向某一点汇聚的所有线条，它可以是实实在在的实体线，也可以是一种视觉上的抽象线，例如人的视线朝向以及物体的运动趋势等。汇聚线能将观者的视线强烈地引向汇聚的中心点，也就是照片中最引人注目的位置，该位置通常就是画面的主体所在。

扫码看视频

拍摄要点：①在城市中拍摄灯轨时，可以选择过街天桥或立交桥进行拍摄，流动的汽车灯轨引导观看者的视线汇聚至远处的高楼；②使用长时间曝光可以使车灯在画面上形成灯轨。

光圈F11 | 感光度200 | 焦距24mm | 快门速度20s

3.6 形状构图法

运用形状构图可以让画面更有条理，看起来不散乱，常用的形状构图有三角形构图、弧线形构图和框架构图。

3.6.1 给人视觉稳定感的三角形构图

三角形构图通常给人稳定的视觉效果。在运用三角形构图时，最简单的方法是利用物体自身构成的三角形来表现。

拍摄要点：①选择傍晚光线柔和的时段拍摄；②使用点测光对准山体的亮部位置测光。

光圈F8
感光度200
焦距50mm
快门速度1/40s

扫码看视频

很多时候，画面中的三角形并不是单一存在的，往往会有多个三角形组合出现。

拍摄要点：①多个山脊形成了多个三角形，既稳定了画面，也丰富了画面的空间层次；②在选择拍摄时机时，等待云雾飘过山顶的瞬间抓拍，可以有效增加群山的神秘气息。

光圈F8 | 感光度200 | 焦距45mm | 快门速度1/60s

在拍摄人像照片时，我们可以借助人物的肢体动作来构成三角形，以增加画面的稳定感。

拍摄要点：①室内拍摄时，选择简约的深色背景，更有利于突出主体人物；②人物弯曲的胳膊与身体构成了稳定的三角形。

光圈F11 | 感光度100 | 焦距48mm | 快门速度1/125s

在拍摄风光照片时，我们可以借助物体间的组合以及镜头的透视变形效果来构成稳定的三角形构图。

拍摄要点：①借助广角镜头能获得线条向内倾斜的透视效果，进行近距离仰拍，形成了稳定的三角形构图；②设置较慢的快门速度，拍出了水柱的效果，使三角形构图更加明显。

光圈F8
感光度100
焦距14mm
快门速度10s

3.6.2 动感的弧线形构图

常见的弧线形构图有C形和L形构图，其效果与曲线构图相似，可以改善画面横平竖直的单调感，起到使画面柔美、生动的作用。

光圈F13 | 感光200 | 焦距210mm | 快门速度1/250s

扫码看视频

拍摄要点：①截取一半的水池，表现C形的构图效果；②选取远处色彩鲜艳的人物来丰富画面内容，并将其安排在左上角的九宫格交汇点附近，使其更加突出、醒目。

3.6.3 别出心裁的框架构图

框架构图会给人耳目一新的视觉冲击，框架的形状不是固定的，可以是多种形状，例如矩形、三角形和圆形等。框架的选择也是多种多样的，可以借助屋檐、门框、桥洞和树枝等来实现。

在风光摄影中，使用框架可以起到装饰主体、浓缩远景和汇聚视线的作用。

光圈F8 | 感光度100 | 焦距17mm | 快门速度1/2s

扫码看视频

拍摄要点：①为了增加画面的空间感，使用广角镜头靠近拱门进行拍摄，并利用镂空的拱门作为框架进行构图；②使用点测光对准天空中较亮的区域测光，可以更好地平衡灯光和阴影之间的明暗对比关系。

拍摄人像照片时，使用框架构图可以强化画面的空间感，并起到丰富画面故事感的作用。

拍摄要点：①利用半开的门框实现了框架式的构图效果；②采用低角度拍摄，得到更好的视觉效果。

光圈F2.8
感光度640
焦距85mm
快门速度1/125s

3.7 强调平衡感的对称构图

对称构图是将画面分割成对称的两部分，具有平衡、稳定和相互呼应的特点，适合表现庄重而平稳的建筑物、正面人像以及有倒影的场合等。对称式构图的关键是在取景时将对称线置于画面的中间。例如，最常见的对称式构图就是将景物与其水面倒影组合在画面中，并把水岸线放置于景物与其倒影之间，完全对称的构图也被称为镜像。

光圈F8 | 感光度100 | 焦距90mm | 快门速度3s

在风光摄影中，可以利用水面的倒影实现上下对称的镜像效果。

扫码看视频

拍摄要点：①想要拍出镜像对称的倒影效果，需要选择没有风且水面平静的时候拍摄；②使用点测光对准建筑的较亮位置测光。

光圈F4.5 | 感光度320 | 焦距50mm | 快门速度1/200s

在人像摄影中，近似比例地安排人物一左一右，可以实现左右对称的效果。

拍摄要点：①为了避免对称的画面效果过于单调，刻意安排人物呈现不同的姿态；②逆光拍摄时，使用点测光对准人物脸部测光，优先保证脸部的曝光准确。

3.8 善用对比丰富构图内容

前面介绍了拍摄者可以轻松掌握的基本构图方法，但要让拍摄到的作品更有吸引力，就要善于运用画面中的对比元素。通过对比，可以让主体更加突出，让照片更加戏剧化、富有艺术感染力。

3.8.1 视觉反差强烈的色彩对比

冷暖色最容易形成强烈的色彩对比效果，例如常见的冷暖色对比色效果有黄（暖色）蓝（冷色）色对比和红（暖色）绿（冷色）色对比。

在有冷暖色对比的画面中，冷色会给人后退的视觉效果，而暖色会给人前进的视觉效果，因此借助冷暖色对比可以十分有效地突出画面中的暖色物体。色彩的相关知识在本书第4章中会有详细介绍。

光圈F6.3
感光度100
焦距200mm
快门速度15s

拍摄要点：①采用竖画幅拍摄，并将主体房子安排在右下方的九宫格交汇点附近；②使用点测光对准房子亮光处测光。

扫码看视频

光圈F5.6 | 感光度200 | 焦距85mm | 快门速度1/60s

拍摄要点：①红色船只与环境中的青绿色形成了强烈的色彩对比；②构图时将船只安放在九宫格交汇点的左下角，可以有效突出船只。

3.8.2 影调丰富的明暗对比

借助明暗对比可以瞬间抓住观看者的眼球，使其将视觉中心汇聚到画面中的明亮处。另外，由暗到明的影调过渡，可以有效增加画面的空间感。

拍摄要点：①运用横向三分法构图，将要突出表现的土堆放在画面下方1/3处；②使用点测光对准亮光处测光，来重点突出太阳洒下的一抹光线；③构图时增加天空的元素，可以实现从最亮到最暗，再到中等亮度的丰富影调层次的过渡。

扫码看视频

光圈F5.6 | 感光100 | 焦距70mm | 快门速度1/500s

3.8.3 给人想象空间的虚实对比

以虚映实，可以有效地突出要清晰表现的主体。另外，虚实的画面效果还可以带来空间感的延伸，创造一定的画面故事感。

光圈F4.5 | 感光度500 | 焦距60mm | 快门速度1/125s

拍摄要点：①为了表现背景人物与主体人物之间的关联，这里并不适合使用太大的光圈来虚化背景；②构图时应避免背景人物与主体人物之间出现重叠，以免影响主体表现以及画面的空间延伸。

3.8.4 夸张效果的大小对比

光圈F8 | 感光度100 | 焦距168mm | 快门速度1/100s

大小对比通过制造画面中的大与小来实现夸张效果，并丰富画面的视觉表现力。

拍摄要点：①大人和小孩之间形成了明显的大小对比效果；②两者向内倾斜的身体构成了三角形的稳定效果。

拍摄要点：①利用广角镜头"近大远小"的透视特性，贴近被拍摄主体仰拍，实现了夸张的大小对比效果；②选择人物表情、动作较为生动的一组人物进行抓拍，测光时使用点测光对准火焰测光，可以获得准确的曝光效果。

光圈F4
感光度1600
焦距15mm
快门速度1/80s

3.8.5 画面舒展的疏密对比

厚实、密不透风的分布状况给人一种沉重和压抑的感觉，而稀疏、松散的分布状况则给人一种轻松的自然美感。这两种对比关系互动才能产生和谐的气氛。只有当疏而不散、密而不乱时，画面才能呈现出松弛有度的节奏感和韵律感，才算是好的构图效果。

扫码看视频

光圈F5.6 | 感光度320 | 焦距700mm | 快门速度1/640s

拍摄要点：①拍摄飞鸟时，使用连续自动对焦模式追焦拍摄；②大片的芦苇与飞鸟之间形成疏密对比，更有效地突出了飞鸟。

3.8.6 动感强烈的动静对比

当运动物体与静止物体处于同一画面时，很容易引起观看者的强烈关注，人们会想象画面中的物体是如何运动的，它们运动的结果又是怎样的。动静对比的确是一个吸引观看者视线的好办法。要想实现动静对比的画面效果，需要设置较低的快门速度来拍摄。例如在风光摄影中使用较慢的快门速度（1/2s以内）可以表现出动静结合的效果。

扫码看视频

拍摄要点：①选择天空刚暗下来、灯光刚亮起来的魅力蓝时刻拍摄；②利用海岸线的斜线延伸画面空间；③使用较慢的快门速度雾化海浪，制造出动静结合的画面效果。

光圈F8
感光度100
焦距80mm
快门速度15s

光圈F10 | 感光度100 | 焦距24mm | 快门速度1/20s

使用较慢的快门速度（1/20s）拍摄行走中的人物，可以表现出人影飘忽的动感效果。

拍摄要点：①利用地台和天花板的线条形成汇聚线的延伸效果；②使用广角镜头拍摄时，会形成近处人物与远处人物之间的大小对比呼应；③1/20s的快门速度让近处的人物呈现动态的效果。

3.9 留白让照片更有想象空间

留白是指画面中用来衬托主体的空白部分，这些空白部分往往是由单一色调的背景组成的，如天空、水面、浓雾和草原等，可以起到烘托画面意境的作用。画面中的空白并不是孤立存在的，它往往还与主体有着形式或内在的联系。所谓“空处不空”，正是空白处与实处的互相映衬，才能形成不同的联想和意境。

光圈F8 | 感光度400 | 焦距200mm | 快门速度1/2000s

扫码看视频

拍摄要点：①大面积留白使画面看起来简洁而富有想象空间；②拍摄剪影时，一要选择天空亮部测光，二要把握好剪影物体的形态。

留白还体现在画外音的空间延伸，例如借助人物的视线朝向延伸画面空间。

拍摄要点：①人物眼神朝向右下角，有效地延展了画面，给人留下更多的想象空间；②逆光拍摄时，使用点测光对准人物脸部测光，优先保证脸部的曝光充分。

光圈F2
感光度100
焦距35mm
快门速度1/5000s

3.10 善用前景营造唯美梦幻意境

虚化前景，可以实现梦幻的画面意境。通常我们可以选择树叶或花朵来进行虚化，其位置一般安排在画面的边缘。需要注意的是，前景在画面中的视觉效果应不强于主体，否则会削弱主体的地位，使画面失去平衡。

扫码看视频

拍摄要点：①使用大光圈镜头贴近树叶，制造出梦幻般的前景虚化效果；②红绿色的对比效果有效地突出了主体人物。

光圈F4 | 感光度320 | 焦距85mm | 快门速度1/125s

3.11 思考与练习

● **分析例图中使用了哪些构图方法**

● 分析例图中使用了哪些对比方法

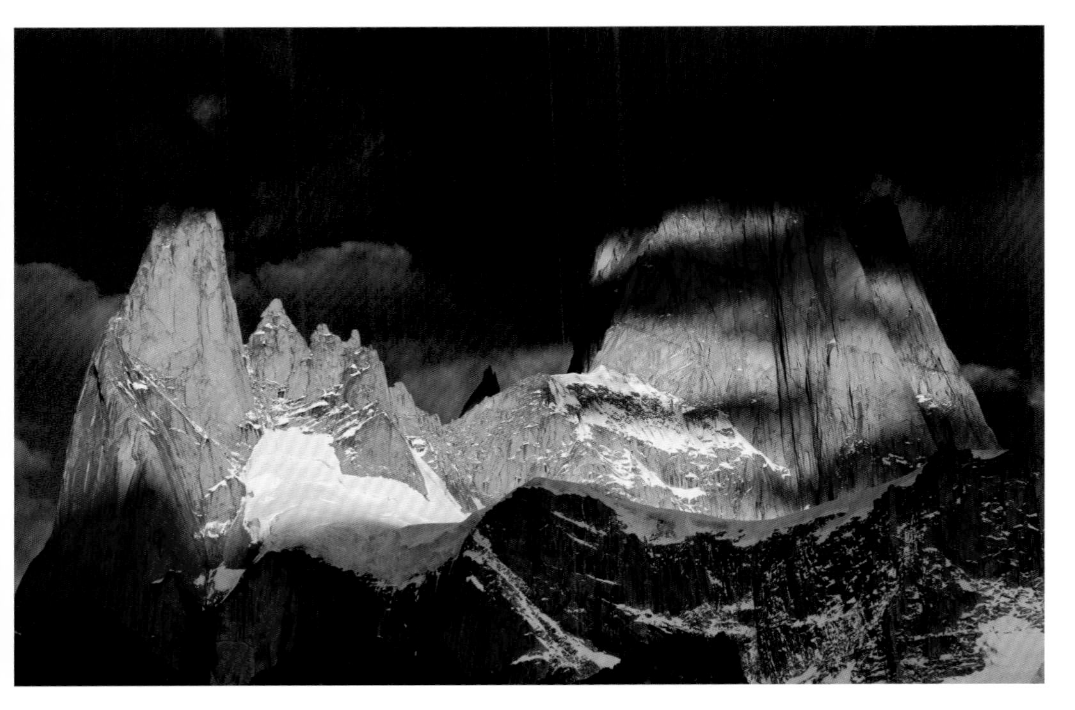

第 4 章

色调与光线

4.1 摄影中的色彩与情感表达

色彩是视觉艺术的语言和重要的表现手段。在摄影的艺术表现中，色彩的表达是不可或缺的，它往往代表了摄影师对作品的感性认识的层次，是摄影师对作品所蕴含的情感的一种表达方式。因此拍摄者在摄影中必须懂得色彩与感情的联系，有目的地运用色彩，才能表达好作品的主题。

4.1.1 掌握色彩基础知识，才能在摄影创作中处理好色彩

既然色彩这么重要，那么就必须掌握一定的色彩基础知识。色彩基础知识的主要内容就是色彩的三大属性及它们之间的关系，以及如何根据色彩属性的特点对画面进行配色。

1. 色彩的三大属性之一：色相

色相：色相即各类色彩的相貌称谓，它是能够比较确切地表示某种颜色的名称，如红、黄、绿、蓝等。

掌握色相的目的：因为不同的色彩（色相）能给人的心理带来不同的影响（如红色象征喜悦，黄色象征明快，绿色象征生命，蓝色象征宁静，白色象征坦率，黑色象征压抑等），所以在实际拍摄时，拍摄者要注意不同色彩（色相）的表现力和影响力，强调色彩（色相）与人的感情相吻合，以及对主题的衬托，要根据主题的含义，合理地选择色彩（色相）与之相适应。比如要表现喜庆的气氛和喜悦的主题，可以选用红色；要表现悲伤沉重的故事，可以选用黑白灰等。

除了掌握单个色彩（色相）的表现力和影响力外，更需要掌握多个色彩（色相）搭配起来的表现力和影响力。这是因为在实际拍摄中，绝大多数情况下画面中会有多个色彩（色相），这时就需要对多个色彩进行合理的搭配。为了更好地理解如何进行色彩搭配，下面介绍24色相环及其应用。

24色相环：红、绿、蓝是色相环的基础颜色，它们是三原色（它们无法由其他颜色合成，但其他光线颜色都可以由它们按不同比例混合而成）。把一个圆分成24等份，把红、绿、蓝3种颜色放在三等份上；把相邻两色等量混合，把得到的黄色、品色和青色放在六等份上；再把相邻两色等量混合，把得到的六个复合色放在十二等份上；继续把相邻两色等量混合，把得到的十二个复合色放在二十四等份上，即可得到24色相环。24色相环的相邻色相间距为15°（360° ÷24）。

互补色：以某一颜色为基准，与此色相隔180° 的任意两色互为互补色。互补色的色相对比最为强烈，画面相较于对比色更丰富、更具有感官刺激性。

对比色：以某一颜色为基准，与此色相隔120° ～150° 的任意两色互为对比色。对比色相搭配是色相的强对比，其效果鲜明、饱满，容易给人带来兴奋、激动的快感。

邻近色：以某一颜色为基准，与此色相隔60° ～90° 的任意两色互为邻近色。邻近色对比属于色相的中对比，可保持画面的统一感，又能使画面显得丰富、活泼。

类似色：以某一颜色为基准，与此色相隔30° 的任意两色互为类似色。类似色比同类色搭

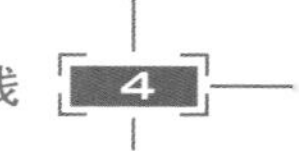

配效果要明显、丰富些，可保持画面的统一与协调，呈现柔和质感。

同类色：以某一颜色为基准，与此色相隔15° 以内的任意两色互为同类色。同类色差别很小，常给人单纯、统一、稳定的感受。

暖色：从品色顺时针到黄色，这之间的颜色称为暖色，暖色从暖的程度上分为中性偏暖、暖色和暖极。暖色调的画面会让人觉得温暖或热烈。

冷色：从绿色顺时针到蓝色，这之间的颜色称为冷色，冷色从冷的程度上分为中性偏冷、冷色和冷极。冷色调的画面会让人觉得清冷以及宁静。

中性色：去掉暖色和冷色后，剩余的颜色称为中性色。中性色调的画面给人以平和、优雅、知性的感觉。

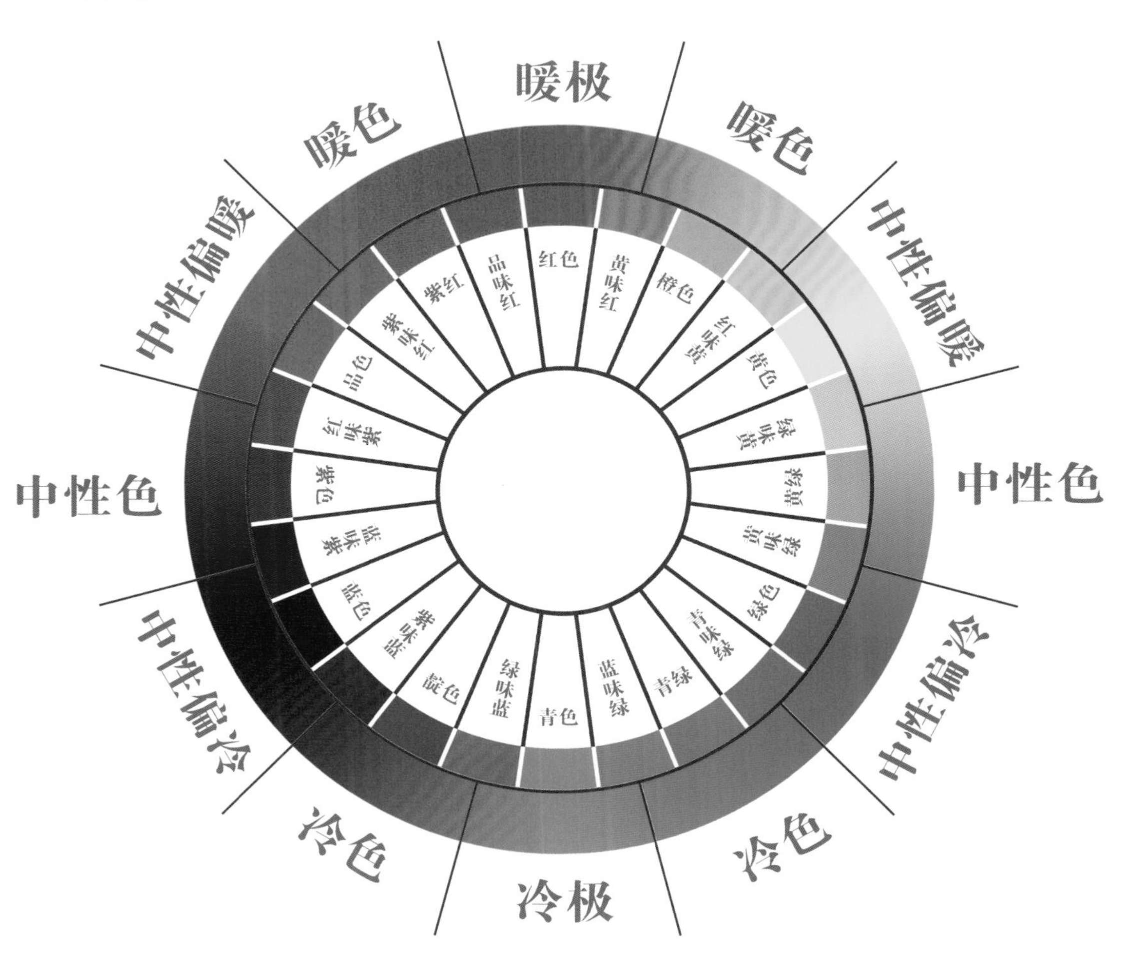

认识色相环的目的：可以掌握以色相环为基础，按区域性进行不同色相配色的方法。拍摄者在进行拍摄时，首先应依照主题的思想、内容的特点、构想的效果及表现的因素等来决定主色或重点色，是中性偏冷、冷色、冷极、中性偏暖、暖色、暖极还是中性色，主色决定后再决定配色，再将主色带入色相环，便可以按照同一色相、同类色相、类似色相、临近色相、对比色相、互补色相以及多色相进行配色。

2. 色彩的三大属性之二：纯度（饱和度）

纯度（饱和度）：纯度指色彩的纯净程度，它表示颜色中所含有色成分的比例。含有色彩成分的比例愈大，则色彩的纯度愈高；含有色成分的比例愈小，则色彩的纯度也愈低。当一种颜色掺入黑、白或其他彩色时，纯度就会降低。

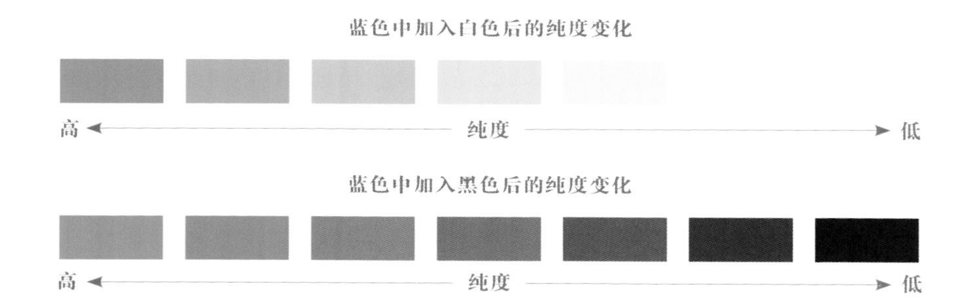

掌握色彩纯度的目的：纯度的运用起着决定画面吸引力的作用。纯度越高，色彩越鲜艳、活泼、引人注意，冲突性也越强；纯度越低，色彩越朴素、典雅、安静和温和。因此常用高纯度的色彩作为突出主题的色彩，用低纯度的色彩作为衬托主题的色彩，也就是以高纯度的色彩做主色，低纯度的色彩做辅色。

3. 色彩的三大属性之三：明度

明度：明度指色彩的明亮程度，即颜色的深浅、明暗变化。色彩的明度有两种情况：一是同一色相（颜色）的不同明度，如同一颜色在强光照射下显得明亮，而在弱光照射下显得较灰暗模糊；二是各种色相（颜色）有着的不同明度，如黄色明度最高，蓝、紫色明度最低，红、绿色为中间明度。色彩的明度变化往往会影响到纯度，如蓝色加入黑色以后明度降低了，同时纯度也降低了；如果蓝色加入白色，则明度提高了，而纯度却降低了。

掌握色彩明度的目的：利用色彩明度不同所产生的明暗调子，可以带来不同的心理感受。如高明度给人明朗、华丽、醒目、通畅、洁净和积极的感觉，中明度给人柔和、甜蜜、端庄和高雅的感觉，低明度给人严肃、谨慎、稳定、神秘、苦闷的感觉。

色彩纯度和明度的综合应用：在使用邻近色配色的画面中，可通过增加明度和纯度对比，来丰富画面效果，这种色调上的主次感能增强配色的吸引力；在使用类似色配色的画面中，由于类似色搭配效果相对较平淡和单调，可通过增强色彩明度和纯度的对比，来达到强化色彩的目的；在使用同类色配色的画面中，可以通过增强色彩明度和纯度的对比来加强明暗层次，体现画面的立体感，使其呈现出更加分明的画面效果。

拍摄者在实际拍摄中，一般可根据拍摄主题、场景特点以及表现形式，把拍摄画面处理成暖色调、冷色调、对比色调，下面分别进行介绍。

4.1.2 把画面的整体色调处理成暖色调

扫码看视频

一般在什么情况下可以把画面的整体色调处理成暖色调呢?

1. 在有暖光源的时候

风景摄影中，日出、日落形成的光线为暖色调，在暖光源的笼罩下，被拍摄的风景往往呈现暖调，此时拍摄者可以把画面的整体色调处理成暖色调。

拍摄要点：①选择傍晚光线较为柔和的时段拍摄；②截取部分形式感较强的树木来构图并尽量使其充满画面。

光圈F5
感光度100
焦距300mm
快门速度1/400s

人像摄影中，如果现场的光源是暖光源，或者背景颜色是暖色，或者是二者兼有，这时画面往往呈现暖调，此时拍摄者可以把画面的整体色调处理成暖色调。

拍摄要点：①选择下午阳光照射强度相对较弱的时段拍摄，此时的天空在阳光照射下呈现暖橙色效果；②飘舞的纱巾与人物构成了三角形的构图，画面具有飘逸而稳定的感觉。

光圈F4
感光度160
焦距125mm
快门速度1/750s

2. 在固有色呈现暖色的时候

物体固有色对色调也起着重要作用。在正常光线下，被摄体原有色彩为暖色或大部分呈现暖色时，拍摄出的作品必然为暖色调作品。

拍摄要点：①沙漠本身呈现橙黄色的暖色效果；②在阳光照耀下，画面给人以波浪起伏般的动感效果；③安排驼队位于画面右下角的九宫格交汇点附近，作为重点突出；④俯拍+逆光，将驼队影子纳入画面中。

光圈F8
感光度200
焦距300mm
快门速度1/2000s

拍摄要点：粉色的墙壁和人物的粉色衣服构成画面的暖色基调，白色围巾避免了色彩过于近似造成的层次感不足。

光圈F7.1
感光度100
焦距31mm
快门速度1/160s

4.1.3 把画面的整体色调处理成冷色调

一般在什么情况下可以把画面的整体色调处理成冷色调呢?

1. 在有冷光源的时候

拍摄要点：①晨光初现，在阳光照射不强烈的早晨，运用冷色调可以表现沉静的画面气氛；②散落的小船与耸立的山峰之间形成了大与小的强烈对比呼应。

在风景摄影中，如风景笼罩在一片如轻纱的薄雾中、在阴雨绵绵情况下、在淡蓝色的月色中或冬季银白色的世界里，这些本身就处于冷色调下的风景，用冷色调拍摄就是最佳的选择。

光圈F8
感光度100
焦距37mm
快门速度1/80s

拍摄要点：①冷色的背景非常适合表现冷色调的画面氛围，人物的围巾和帽子与背景色调一致，实现了整体画面的冷色调效果；②人物伸开的胳膊以及略微倾斜的姿态，形成了对角线构图，画面极具动感。

人像摄影中，如果现场的光源是冷光源，或者背景颜色是冷色，或者是二者兼有，这时画面往往呈现冷调，此时拍摄者可以把画面的整体色调处理成冷色调。

光圈F6.3
感光度64
焦距70mm
快门速度1/160s

2. 在固有色呈现冷色的时候

在正常光线下，被摄体原有色彩为冷色或大部分呈现冷色时，拍摄出的作品必然为冷色调作品。

拍摄要点：①光影斑驳的蓝色墙壁，给人冷色调的画面氛围感；②将行人安排在左下方的九宫格位置，可以更好地突出人物。

光圈F8 | 感光度200 | 焦距65mm | 快门速度1/125s

4.1.4 把画面的整体色调处理成对比色调

在摄影画面中，为了使画面具有强烈的视觉力度和对比效果，巧妙地运用色彩对比是打造最佳视觉效果的好方法。根据色相环，我们把色彩对比分为弱对比关系和强对比关系两种。我们把色环上相邻区域内的色彩（邻近色、类似色）称为弱对比色彩，把色环上位置相对的色彩（互补色、对比色）称为强对比色彩，其中冷与暖的对比是在摄影中运用比较多的一种对比表现方式。在拍摄照片的时候，只要稍加留意场景中色彩的展现或者用简单的办法故意制造这种对比，都可以轻易地实现。下面介绍把画面处理成对比色调的一般原则。

扫码看视频

画面中主体色与背景色的关系对最终的成片效果有着决定性的影响，因此在对画面进行配色时应掌握两个原则：一方面，拍摄时的主体的颜色要比背景色更明亮、更鲜艳，因为明色、艳色比暗色、浊色效果更好；另一方面，明亮、鲜艳的主体色彩面积要小，暗而纯度低的背景色彩面积要大，这样小面积的主体色彩就比大面积的背景色彩效果更好。

拍摄要点：①大面积、低纯度的暖色墙壁与小面积、高纯度的绿色小汽车形成强烈的色彩对比效果；②利用拱形效果的树木形成框架构图，起到了修饰画面的作用。

光圈F8
感光度200
焦距180mm
快门速度1/200s

接下来再介绍几种常见的可以把画面处理成对比色调的条件和方法。

1. 在拍摄雪山场景的时候

拍摄要点：①等待阳光照射山顶的时机是拍好这张照片的关键，云雾的出现也使山峰蒙上了神秘的面纱；②近景的山脊和远处的主峰构成了多个三角形，整个画面表现出沉稳、大气的美感。

光圈F5.6 | 感光度200 | 焦距82mm | 快门速度1/125s

在拍摄雪山场景的时候，傍晚的暖色阳光与蓝色天空、被冰雪覆盖的阴影之间很容易形成冷暖色对比，在这种画面中我们会明显感受到暖色在向前突出，而冷色在向后退缩。利用这一特性，既可以强调照片的色彩层次感，也可以有效地突出想要表现的主体。

2. 在拍摄夜景的时候

拍摄要点：①选择天空刚暗下来、灯光刚亮起来的梦幻蓝时刻拍摄；②使用点测光对准较亮的黄色灯光位置测光。

在拍摄夜景照片的时候，夜晚亮起的暖色灯光或者利用慢快门的方式得到的暖色车灯拉线与冷色环境之间很容易形成冷暖色对比。

光圈F8
感光度400
焦距170mm
快门速度1.3s

3. 在冬季拍摄暖色果实的时候

有些植物的果实即使在冬季也仍然挂在枝头上，雪景里的暖色果实就是很好的拍摄题材，它与冰冷背景之间很容易形成冷暖色对比。

拍摄要点：①使用较大的光圈加长焦距镜头可以实现漂亮的虚化效果；②选取果实时，应本着简洁的原则，选择没有树枝干扰的果实，同时还要注意避开虚化背景中的枝干。

光圈F5.6
感光度100
焦距135mm
快门速度1/125s

4. 在冬季拍摄人像的时候

冬天下雪的时候是拍摄雪景人像的好时机。要在白茫茫的雪景里突出人物，让人物穿着暖色的衣服与冰冷的雪地背景形成冷暖色对比就是最好的选择。

光圈F6.3 | 感光度64 | 焦距32mm | 快门速度1/160s

拍摄要点：①除了孩子身上的暖色衣服与背景雪地之间的冷暖对比外，为了让画面的色彩对比效果更加强烈，增加了蓝色拖车和牛仔裤，与孩子的暖色装束形成了更为强烈的冷暖色对比效果；②利用孩子与大人之间大与小的对比以及斜线角度的构图，使画面具备了一定的视觉冲突和动势效果。

5. 在夏季拍摄人像的时候

夏天，到处都是郁郁葱葱的以黄绿色为主的植物，让人物穿着暖色（如红色）的衣服，就可以与背景的黄绿色形成冷暖色对比。这是夏季摄影有效突出主体人物的方法之一。

拍摄要点：①利用孩子身上的玫红色衣服与黄绿色的背景形成对比；②将孩子放在纵向三分线的右侧1/3处，更有利于视觉突出；③逆光拍摄时，使用点测光对准孩子的脸部测光，优先保证脸部的曝光充分。

光圈F5
感光度200
焦距25mm
快门速度1/50s

4.2 摄影中的光影艺术

光线对于摄影师而言，就像画家使用的油彩一样，它对一张照片的成败起着举足轻重的作用，所以说利用好光线是一个摄影师应该掌握的基本技能。

所有的光，无论是自然光还是人造光，都有强度、方向、类型和颜色（色温）4种特征。掌握好光线的特征，才能在拍摄时用好光影。

4.2.1 在摄影作品中如何掌握好光线的强度

光线投射到被摄体上后，在被摄体表面呈现出的亮度称为光线的强度。光源能量越强，其光线的强度越高；反之则越低。光源距离被摄体越近，其光线强度越高；反之则越低。根据光线强度的高低我们把光线分为强光和柔和光两类。

扫码看视频

1. 强光的特点及应用范围

强光：强光是指能够在被摄体表面产生强烈明暗对比的直射光，它带有强烈的方向性。

特点：被摄体表面的受光面、背光面及投影非常鲜明，明暗反差较大，对比效果明显，有助于表现受光面的细节及质感，造成有力、鲜活等视觉艺术效果。

产生强光的光源：通常小而远的点光源会产生明显的强光效果，如没有云彩的晴天上午10点到下午3点左右的太阳，人造光源中没加柔光箱（罩）的闪光灯。

强光的应用范围：一般情况下不建议在强光条件下直接拍摄，无论是拍摄风光还是人像。个别情况下也会用到强光拍摄：①有规律的影子与强光形成强有力对比效果的时候；②在需要表现男性刚毅的一面或者纪实摄影中老人皮肤质感的时候。

光圈F11 | 感光度100 | 焦距175mm | 快门速度1/250s

光圈F5.6 | 感光度100 | 焦距200mm | 快门速度1/400s

2. 柔和光的特点及应用范围

柔和光：柔和光是光线经过大气与物体的折射与反射，或经由一定介质阻隔（如柔光罩、控光屏等）而产生的柔和光线，是一种漫散射性质的光，没有明确的方向性。

特点：光线柔和，强度均匀，形成的影像反差不大，在对人物打光时也不会将纹理细节表现出来，给人以轻柔、细腻之感，因此深受女性喜爱。

产生柔和光的光源：阴天或雾天的自然光，早晚日出日落时的光线，人造光源中加了柔光箱（罩）的闪光灯。

柔和光的应用范围：柔和光是各种题材拍摄中使用最多的光线，几乎适用于所有题材。

光圈F5.6 | 感光度100 | 焦距32mm | 快门速度1/30s

光圈F3.2
感光度200
焦距56mm
快门速度1/160s

4.2.2 如何根据光线的方向拍摄出好的作品

光线的方向，即光源相对被摄体的位置。自然光的光线方向分为6种基本类型：顺光（也叫正面光）、前侧光（也叫侧顺光）、侧光、逆光、侧逆光和顶光。人造光比自然光多了一种类型——底光。

扫码看视频

顺光的特点及应用范围

顺光：亦称正面光，是指从拍摄者背后射向被摄体的光。

特点：①在顺光的照射下，光照平均，画面反差小、缺乏影调层次，拍成的照片立体感和空间感不强；②如果景物的色彩相近，画面的反差就更小；③顺光角度下可以准确还原色彩，获得色彩饱满的画面效果。

顺光的应用范围

①选择早晚光线照射强度较弱的时间段拍摄，顺光也可以拍摄出光感柔和、富有立体感的画面效果。

②遇到不错的画面，又想避免顺光带来的立体感不强的问题，站在高处把影子纳入画面中就是不错的方法。

③当遇到画面色彩艳丽的场景时，想拍出准确还原色彩、色彩饱满的画面效果，选择顺光角度拍摄也是非常不错的选择，但是要注意，取景的画面中要有改善画面反差小和缺乏影调层次的元素才行，如云朵、树木、建筑物等。

光圈F11 | 感光度200 | 焦距24mm | 快门速度1/500s

光圈F7.1
感光度100
焦距92mm
快门速度1/400s

④顺光在拍摄人像方面有一定的优势，可用来掩饰人物脸部皱纹、斑疮，美化人物。

光圈F2.8
感光度200
焦距140mm
快门速度1/8000s

前侧光的特点及应用范围

前侧光：从被摄体的侧前方射来，与被摄体成45°左右的角度的光称为前侧光，也称为侧顺光。这种光线比较符合人们日常的视觉习惯。在前侧光的照射下，被摄体大部分受光，投影落在斜侧面，有明显的影调对比，明暗面的比例也比较适中，可较好地表现被摄体的立体形态和表面质感。使用前侧光拍摄时，画面的色彩还原也比较理想。

前侧光的应用范围

①早晚光线照射强度较弱的时间段是使用前侧光拍摄的好时机。

②无论是风光摄影还是人像摄影，前侧光都是使用得比较普遍的一种光线方向。

光圈F2.5
感光度100
焦距135mm
快门速度1/500s

侧光的特点及应用范围

侧光：也称为正侧光，即来自被摄体左侧或右侧的光线，它与相机拍摄方向成90°左右的水平角度。

特点：①在侧光的照射下，投影落在侧面，被摄体的明暗影调各占一半，能比较突出地表现被摄体的立体感、表面质感和空间纵深感，造型效果好；②当侧光造成被摄体的明暗两部分反差很大，超过相机所允许的宽容度范围时，则相机对被摄体的曝光就会顾此失彼，不能同时照顾到被摄体的明暗两部分，被摄体的层次感、质感就会有所损失。

侧光的应用范围

①在拍摄浮雕、石刻、水纹、沙漠以及各种表面结构粗糙的物体时，利用侧光照射，可获得鲜明的质感。

光圈F10
感光度50
焦距29mm
快门速度165s

②一般来说，侧光不宜用来拍摄人像，它会使人物的脸部形成一半明一半暗的阴阳脸，很不美观，这时可使用反光板或闪光灯对人物面部暗处进行一定的补光，以减轻脸部的明暗反差。

③在表现有个性的人物或者男士的阳刚之气时，经常会用到侧光。

光圈F16
感光度50
焦距56mm
快门速度1/320s

逆光的特点及应用范围

逆光：逆光是指从相机的对面照射过来的光线（与拍摄方向成180° 左右的角度）。

特点：①逆光时，被摄体与背景会存在着极大的明暗反差；②由于光源位于被摄体之后，光源会在被摄体的边缘勾勒出一条明亮的轮廓线。

逆光的应用范围

①在拍摄透明或半透明的物体，如花卉、植物枝叶等时，采用逆光拍摄是不错的选择，它们在逆光的情况下会被光线打透，使在顺光光照下平淡无味的透明或半透明物体呈现出美丽的光泽和较好的透明感，并能拍摄出清晰的脉络，增强了被摄体的质感。

光圈F4 | 感光度100 | 焦距150mm | 快门速度1/500s

②在早晨和傍晚拍摄风光时，采用低角度、大逆光拍摄是很好的光影造型手段，逆射的光线会勾画出红霞如染，云海蒸腾，山峦、村落、林木如墨等效果，如果再加上薄雾、轻舟、飞鸟，相互衬托起来，在视觉和心灵上就会引发强烈的共鸣，使作品的内涵更深，意境更高，韵味更浓。

光圈F16 | 感光度50 | 焦距20mm | 快门速度2.5s

③在早晨和傍晚拍摄室外人像时，对明亮的背景测光，而对人物完全不进行补光可以得到对比强烈的剪影效果，使用反光板或者闪光灯对人物进行适当补光可以得到美轮美奂的效果。

光圈F4.5
感光度200
焦距38mm
快门速度1/1000s

④在逆光的场景下，人物的发丝会更明显、更漂亮，身体的边缘线也会呈现出来，整个人物会变得更立体。由于逆光拍摄会出现眩光，恰当地运用眩光能使画面产生朦胧、唯美、浪漫的效果，这也是为什么在人像摄影领域中，许多人喜欢采用逆光进行拍摄的一个重要原因。

光圈F2.8
感光度200
焦距85mm
快门速度1/800s

侧逆光的特点及应用范围

侧逆光：也称为反侧光、后侧光，其光线投射方向与相机拍摄方向成135° 左右夹角。

特点：侧逆光照射的被摄体大部分处在阴影之中，被摄体被照明的一侧往往有一条明亮的轮廓线，能较好地表现被摄体的轮廓形式和立体感。

侧逆光的应用范围

①侧逆光在风光摄影中使用很多，通常在早晚时间段使用。

光圈F9
感光度200
焦距38mm
快门速度1/100s

②侧逆光在人像摄影中使用也很多，通常要对人物暗部做辅助补光（利用反光板或者闪光灯），以免脸部太暗，但要对辅助补光的亮度加以控制，使之不强过侧逆光自然照明的亮度。

光圈F5.6 | 感光度250 | 焦距84mm | 快门速度1/250s

顶光的特点及应用范围

顶光：它是指来自被摄体上方、与相机拍摄方向成90°夹角的光线，最常见的顶光就是中午的太阳光。

特点：光线照射强度强，会导致在这一时段拍出的照片很平淡，缺少光影层次过渡，给人明晃晃的画面感，因此不建议在中午的顶光照射下拍摄。

顶光的应用范围

在影棚拍摄有时会用到顶光，其他情况基本不会使用顶光拍摄。

光圈F2.8
感光度100
焦距95mm
快门速度1/320s

底光的特点及应用范围

底光：底光是指由下方向上照亮被摄体的人造光线，常见的底光光源有蜡烛、台灯和篝火等。

特点：这种光线形成自下而上的投影，会产生非正常的造型。

底光的应用范围

①底光常用于刻画特殊人物形象、特殊情绪和气氛。

②在人物前方的底光称为前底光，可作为面部的修饰光使用，来消除脖子上的阴影；在人物背后的底光称为后底光，用这种光线照射人物的头发尤其是女人的长发有修饰和美化的作用，在摄影棚的拍摄中常将底光作为一种效果光使用。

光圈F2.8 | 感光度200 | 焦距43mm | 快门速度1/8s

4.2.3 如何合理搭配光线的类型以取得好的光影效果

光线的类型就是指各种光线在拍摄时对被摄体（主要是人像、静物）所起的作用，也称为光型。对被摄体而言，拍摄时所受到照射的光线往往不止一种，各种光线有着不同的作用和效果，合理地搭配和控制这些光线，才能取得好的光影效果。光型主要分为主光、辅光和轮廓光3种。

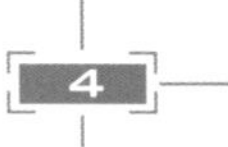

1. 什么是主光、辅光和轮廓光

主光：在取景画面中表现主要光效的光为主光，即在确定被摄体的造型形象中起主要作用的光线。主光是拍摄者处理光线时首先要考虑的光线。主光确定之后，画面的光效和气氛也就确定了。

辅光：辅光是照亮未被主光照到的背光面的光线，它对主光起辅助作用，决定被摄体阴影部分的质感和层次表现，帮助主光塑造形体。辅光一般用柔光（散射光）照明，这样不会在被摄体上形成影子。辅光必须保持主光形成的明暗关系，所以辅光不能超过主光的亮度。

轮廓光：轮廓光是对着相机方向照射的光线，它起着勾勒被摄体轮廓的作用。逆光和侧逆光常被用作轮廓光，轮廓光的强度往往高于主光的强度。在被摄体和背景影调重叠的情况下，比如被摄体暗，背景亦暗，轮廓光还可以起到分离被摄体和背景的作用。另外，深暗的背景有助于轮廓光的突出。

2. 几种常见的光线搭配应用场景

在实际拍摄中，主光、辅光和轮廓光经常配合使用，使画面影调层次富于变化，增加画面形式美感。

室外太阳光做主光

在室外拍摄时，如果只有太阳光，我们可以用太阳光做主光，光线的方向可以是顺光、侧顺光或者侧光，这时天空光和地面环境反射光就是辅光，辅光的强弱取决于所选择的环境的反射条件，所以要仔细挑选拍摄环境。

光圈F8 | 感光度100 | 焦距105mm | 快门速度1/500s

室外太阳光做轮廓光

在室外拍摄时，如果只有太阳光，我们还可以用太阳光做轮廓光，光线的方向可以是逆光或侧逆光，这时天空光和地面环境反射光就是主光，主光的强弱取决于所选择的环境的反射条件。

光圈F2.8
感光度250
焦距135mm
快门速度1/2000s

拍摄要点：运用侧逆光的拍摄角度，突出人物的发丝光。

室外除了有太阳光，还有人工辅助光源

在室外拍摄时，如果有反光板或闪光灯，一般选用太阳光做轮廓光（逆光、侧逆光），用反光板或闪光灯的光做主光。

在室外拍摄时，用太阳光做轮廓光（逆光、侧逆光），如果没有反光板或闪光灯，也可以借助浅色的反光物的反射光作为主光，这样也能取得不错的效果。

光圈F5.6 | 感光度200 | 焦距82mm | 快门速度1/125s

拍摄要点：在人物左侧使用闪光灯打亮人物。

光圈F3.2 | 感光度320 | 焦距85mm | 快门速度1/800s

拍摄要点：借助衣服和书本的反光对脸部补光。

室内窗户光做主光

在室内拍摄时，如果采用经窗户进入室内的太阳光作为主光，光线的方向是顺光或侧顺光，则室内墙壁、家具等环境反射光就是辅光，辅光的强弱取决于所选择的环境的反射条件，所以要仔细挑选室内拍摄环境。

光圈F6.3
感光度200
焦距50mm
快门速度1/250s

拍摄要点：①利用白纱遮挡阳光，柔化光线；②利用室内白色墙壁和桌子的反射光对人物阴影部分补光。

4.2.4 拍摄时要考虑光线的颜色（色温）对画面的影响

不同光源的光随着其穿越物质的不同而变化出多种色彩（色温）。在自然光、白炽灯光、闪光灯照射下的色彩（色温）各不相同，而且即使是太阳光，其本身色彩（色温）也不是一成不变的，它随大气条件和一天中时间段的变化而变化。在实际拍摄时，要综合考虑光线的色温、环境的颜色、被摄体的颜色以及拍摄主题按照配色原则。色温相关内容的具体介绍请参见2.1.2小节，这里不再详细介绍。

光圈F6.3 | 感光度400 | 焦距200mm | 快门速度1/2500s

拍摄要点：阳光照射仍然强烈的傍晚，天空呈现暖橙黄色。

光圈F2 | 感光度640 | 焦距135mm | 快门速度1/640s

拍摄要点：太阳落山后，天空呈现粉红色。

4.3 思考与练习

● **分析例图中的色调效果**

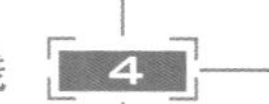

● 分析例图中的用光角度

第5章

人像摄影

5.1 掌握人像摄影的8个基本要点

在学习人像摄影前，我们先要对人像摄影有一个大概的认识，例如应该怎么取景，什么样的角度拍摄的照片最好看等。我们针对人像摄影归纳总结出常用的8个基本要点，以方便拍摄者快速掌握人像摄影的要领。

1. 虚化不是万能的

光圈F9.5 | 感光度100 | 焦距35mm | 快门速度1/180s

当周边环境看起来很杂乱时，使用大光圈拍摄可以有效虚化背景，来突出人物。但很多时候，我们在拍摄人像照片时，并不一定非要使用大光圈来虚化背景，例如当我们需要交代人物所处的环境时，就需要使用中小光圈来适当虚化背景，而不建议使用大光圈来过度虚化背景。

另外，在影棚内拍摄人像时，无论是商业人像摄影还是个人写真，基本上都是以小光圈为主。①在商业人像摄影情况下，通常人与商品都是重点，例如服饰广告，不论是衣服质感还是设计细节，都需要完整地展现出来；在拍摄彩妆时，无论是强调无瑕肤质还是想要营造出皮肤的水嫩触感，都需要利用小光圈完成对表面质感的表现。②在拍摄个人写真时，也需要兼顾整体造型、表情，甚至是肢体表现，此时，利用小光圈营造的大景深才能将人物活灵活现地在影像中记录下来。

光圈F10 | 感光度100 | 焦距35mm | 快门速度1/100s

在影棚里拍摄人像时，光圈与快门速度应该分开来看，甚至许多时候快门速度只要调整到最高闪光同步速度以下即可，例如1/160s。因为影棚内的专业闪光灯是瞬间光源，通常会在快门完全开启的刹那间便完成曝光工作，也正因为时间很短，拍摄者只要动作幅度不大或速度不快，基本上都能完成凝结动作的工作。所以设置光圈大小时不用特别考虑快门速度，而主要考虑闪光灯的输出功率，其设置得越大，光圈就设置得越小。当然，如果搭配有柔光罩或反射伞等配件时，闪光灯输出功率也需要适度增强，经常使用的光圈范围为F8～F16。感光度通常不要调整得太高，建议使用ISO 100～200的感光度，以获得较好的画质。

2. 尽量选择柔和的光线

柔和的光线更容易表现女性的柔美特征，因此在室外自然光下拍摄时，应尽量选择早晚阳光照射较弱的时间段（日出后1小时或者日落前1小时）或者是在阴天多云的天气拍摄，而要避免在正午等阳光照射较为强烈的时间段拍摄。

光圈F3.2
感光度160
焦距24mm
快门速度1/800s

3. 别让背景毁了一张照片

在拍摄人像照片时，应尽量选择简洁的背景，例如选择纯色的白墙或者色调统一的大色块背景，还要注意避免人物四周出现干扰物，例如头顶出现树枝或者远处有水平线切割人物等。如果实在无法避开，那么可以通过虚化背景、压缩取景景别（拍摄特写）等来改善。

人物头顶有干扰物，背景选择不理想

背景人物与主体人物重叠，背景选择不理想

远处地平线横切人物，背景选择不理想

4. 学会正确的裁切

人像照片的裁切具有一定的特殊性，因为我们可能根据表达效果的不同，选择拍摄半身人像、特写人像，这时就需要准确地把握裁切。要领是避免裁切到人物的关节部位，例如人物的手腕、指关节、肘关节、膝关节和脚关节等。图中的红线标注的位置就是在拍摄时应避免裁切的位置。

光圈F1.8
感光度1000
焦距85mm
快门速度1/50s

5. 拍摄角度不能一成不变

多角度观察取景，才会带给人新鲜的视觉活力感，例如不要总是选择平拍的角度取景，可以尝试高角度俯拍或者低角度仰拍来丰富拍摄角度，这样才更容易拍摄出令人耳目一新的作品。

平视的拍摄角度，视角较为常规

光圈F8 | 感光度100 | 焦距24mm | 快门速度1/320s

俯拍角度可以有效提高画面的空间立体感　光圈F8 | 感光度100 | 焦距24mm | 快门速度1/320s

光圈F7.1 | 感光度100 | 焦距40mm | 快门速度1/125s

照片拥堵，空间感不足

光圈F7.1 | 感光度100 | 焦距40mm | 快门速度1/125s

调整角度后，背景更有延伸感，画面空间感强烈

仰视角度更加突出人物高高在上的不凡气质　光圈F8 | 感光度100 | 焦距65mm | 快门速度1/125s

6. 新颖的构图

除了我们前面介绍过的三分法、曲线、三角形和框架构图以外，还可以尝试一些大胆创新的构图，例如下图只保留了人物的半边脸，使照片有了强烈的视觉冲击力，从而给观者留下深刻的印象。

大幅度地裁切人物脸部，让照片更吸引眼球　　光圈F6.3 | 感光度100 | 焦距100mm | 快门速度1/160s

7. 摆姿的要点

摆姿最关键的一点是要避免人物肢体的呆板、垂直，否则会使人物看起来生硬，不够柔美。在调整摆姿时，我们可以让人物通过扭腰转胯和弯曲胳膊等方式来增加肢体的曲线美。

光圈F14
感光度100
焦距75mm
快门速度1/160s

另外，人物没必要总盯着镜头看，这样更容易拍摄到人物自然放松的神情。同时人物望向其他方向还有一个好处，就是可以借助人物的视线延伸画面空间。

光圈F3.2
感光度100
焦距135mm
快门速度1/2000s

8. 人物的情绪很重要

拍摄一张人物肖像照片很简单，但是想要拍摄出人物的情绪性格却不是那么简单，这不但需要拍摄者提前做好和模特沟通交流的准备工作，还要在服装、场景以及人物的动作上多费些工夫。例如拍摄右图时，人物闭上眼睛的神态，充分表现出人物享受温暖阳光、陶醉其中的情绪。

光圈F2
感光度200
焦距135mm
快门速度1/8000s

5.2 如何拍好室外漫射光人像

一幅好的人像作品，需要综合考虑光线、选景、道具、色彩搭配以及人物摆姿等多个方面。下面我们来学习如何在室外利用漫射光拍好人像。

1. 漫射光的优缺点

漫射光常见于阴天多云的天气，此时天空中的云层就好像是一个巨大的柔光罩，会形成柔和的光照效果，非常适合拍摄柔美的人像照片。当然漫射光也有不足，由于光线柔和且没有太强的方向性，因此利用漫射光拍出的人像照片会缺少光影变化，这就要求我们在除了光线以外的其他方面多下功夫，这样才能拍出好的漫射光人像。

拍摄要点：①人物身体侧向画面一侧，呈现出肢体的曲线美感；②增加背景人物和马匹，利用虚实对比来突出人物；③运用三分法构图，将人物安排在纵向三分线的右侧1/3处，可以有效地突出主体人物。

光圈F2.8
感光度100
焦距200mm
快门速度1/800s

2. 恰当选择场景和服装道具

拍摄场景可以选择花丛、海边、古村落、废弃的火车轨道以及街头的咖啡座等。道具需要根据场景以及服装的需要进行搭配组合。例如，穿着复古服装或旗袍可以搭配油纸伞或折扇等；穿着清新靓丽的休闲装，可以搭配手提箱（袋）、鲜花或复古相机等。

光圈F2.8
感光度100
焦距200mm
快门速度1/800s

拍摄要点：①选择干净简单的背景更有利于背景虚化，同时利用人物的深蓝色衣服与背景中的暖绿色，形成冷暖色的对比效果，使主体人物更加突出；②借助扇子遮挡半边脸，营造出“犹抱琵琶半遮面”的含蓄美；③运用纵向三分法构图，可以有效地突出主体人物。

3. 设置曝光模式为光圈优先模式

使用光圈优先模式可以更快速地控制光圈的大小，方便我们在环境人像（使用中小光圈）和背景虚化人像（使用大光圈）之间快速切换。

拍摄要点：①使用大光圈虚化背景，可以有效地突出主体人物；②抓拍人物交流时的神态，画面更加自然；③人物胳膊呈弯曲状支撑在桌面上，形成了稳定的三角形构图。

光圈F2.8
感光度100
焦距200mm
快门速度1/800s

4. 设置曝光三要素：光圈、快门速度和感光度

要想拍出背景虚化的效果，就设置大光圈；要想获得细腻的画质效果，就设置低感光度，例如ISO 100；快门速度控制在安全快门速度以上即可，如果达不到安全快门速度，那么就通过提高感光度的数值来提高快门速度。

光圈F2.8
感光度100
焦距200mm
快门速度1/800s

拍摄要点：①使用大光圈虚化背景，可以有效突出人物；②人物弯曲手臂，形成稳定的三角形构图效果。

如果需要拍摄背景清晰一些的环境人像，那么就适当缩小光圈，使用中等光圈拍摄。

光圈F7.1
感光度100
焦距50mm
快门速度1/80s

拍摄要点：①为了保留更多的环境，并使背景不被过度虚化，可使用短焦距镜头+中等光圈拍摄；②运用九宫格构图法，将人物安排在画面右下方位置，可有效突出人物主体。

5. 完成测光和对焦

室外漫射光的特点是光线柔和，没有特别强的方向性，因此可以使用评价测光（尼康相机为矩阵测光）对画面整体测光。通常对准人物脸部测光就可以获得相对准确的曝光效果。对焦模式设置为单点单次对焦，使用中心对焦点对准人物脸部对焦，然后保持半按快门，锁定对焦，移动相机确定构图后，按下快门，完成拍摄。

拍摄要点：①使用大光圈+长焦距镜头虚化背景；②借助黄色的花束和复古照相机丰富画面内容；③抓拍人物盯着相机取景的自然神态；④运用纵向三分法构图，可以有效突出主体人物。

光圈F2.8
感光度100
焦距200mm
快门速度1/800s

5.3 如何拍好室外逆（侧逆）光人像

扫码看视频

逆光拍摄时，镜头中很容易进入大量的直射光线，这时就容易产生眩光现象，使画面呈现梦幻浪漫的光影美感。怎样才能拍好逆光人像呢?

1. 什么时间段比较好

尽量选择光照不是很强烈的时段拍摄，例如日落前1小时，此时的阳光照射角度较低，更有利于表现逆光人像的朦胧氛围。

拍摄要点：①拍摄两个人物时，人物位置一前一后，为了将两个人物都拍得清楚，需要使用中等光圈拍摄；②运用三分法构图，将两个人物分别放在左侧1/3和2/3处，重点保留右上方的空间，使画面具备空间延伸感。

光圈F4.5 | 感光度125 | 焦距90mm | 快门速度1/160s

2. 如何选择场景

背景选择尽量简化，以不干扰主体表现为准。如果想要突出人物的光影轮廓，例如漂亮的发丝光的效果，就选择深色的背景来烘托，这样会使发丝光更加明显。

光圈F4.5
感光度100
焦距135mm
快门速度1/200s

拍摄要点：①运用侧逆光的角度拍摄，选择深色背景更利于突出人物的发丝光；②淑雅的学生制服与背景秋色搭配一致，画面感协调。

3. 设置曝光模式为光圈优先模式

使用光圈优先模式可以更快速地控制光圈的大小。

4. 设置曝光三要素：光圈、快门速度和感光度

设置大光圈+低感光度的曝光组合，大光圈可以强化画面的朦胧雾化效果，低感光度可以获得细腻的画质。拍摄时要注意观察快门速度是否超过当前相机的最高快门速度，如果超过，就需要适当缩小光圈大小或者降低感光度，来降低快门速度。

拍摄要点：①抓拍人物手扶下巴、望向画面一侧的自然神态，整个画面给人遐想的空间；②运用三分法构图将人物安排在画面左侧1/3处，进行有效突出。

光圈F2
感光度100
焦距35mm
快门速度1/5000s

5. 完成测光和对焦

画面表达不同，测光方法也不同。

①遇到白天强光背景时，设置测光模式为点测光，对准人物脸部测光，优先保证脸部的曝光准确，这时很容易出现背景过曝。事实上，这种背景过曝往往可以更有效地突出画面的光感氛围，因此是可以接受的。想要降低背景过曝的程度，可以借助反光板对人物的脸部进行补光，来减少人脸与背景光之间的明暗光比。

光圈F2.8 | 感光度125 | 焦距50mm | 快门速度1/500s

拍摄要点：①使用点测光对人物脸部测光；②抓拍人物表情一致的瞬间拍摄。

②傍晚弱光背景下拍摄，天空细节较为丰富，特别是霞光会更让人着迷。这时如果使用点测光对准人脸测光，那么就会导致脸部曝光正常而背景过亮，丢失细节层次；而如果对准背景亮光处测光，就会导致人脸黑成一片，结果就拍成了剪影的画面效果，很多时候这也是一种不错的选择。

拍摄要点：①使用点测光对准背景中较亮的区域测光，可以拍出剪影的画面效果。②剪影通常是看不到人物面部表情的，因此想要拍好剪影，最重要的是表现好人物的姿态。具体拍摄时，要注意以下细节：人物要避免穿着过于宽松的衣服；当有多个主体人物时，避免相互之间出现叠影；人物腿部尽量不要并拢，双腿分开更容易突出轮廓美；人物的比例不宜过大，尽量多保留场景，才更容易烘托出画面气氛。

光圈F3.5
感光度160
焦距16mm
快门速度1/200s

如果不想拍成剪影的画面效果，就需要使用闪光灯对人脸进行补光，例如使用相机自带的机顶闪光灯或者使用热靴闪光灯进行离机闪补光。为了让闪光效果更自然一些，可以在机顶闪光灯上捆绑白色手帕或纸巾或为热靴闪光灯添加柔光罩，来柔化闪光光线。对焦模式设置为单点单次对焦，先对焦，后构图。逆光拍摄时，由于大量光线进入镜头，很容易出现眩光，这时就很容易出现对焦困难的情况，要想解决这一问题，可以用手在镜头上方遮挡一部分进入镜头的光线，待完成对焦并锁定对焦后，再将手移开。

拍摄要点：①使用点测光对准背景亮光处测光；②使用闪光灯对人物进行补光；③使用慢速快门表现动态的画面效果；④人物弯曲的胳膊使画面有了优雅的曲线美感。

光圈F16
感光度100
焦距24mm
快门速度2s

5.4 如何拍好窗户光人像

窗户光就像一盏大而明亮的补光灯，可以为拍摄者提供柔和而又有明确方向性的光照。如何拍好窗户光人像呢?

1. 什么时间段比较好

当室外是晴天时，照射进窗户的光线会很明亮，此时画面的明暗反差会很强，拍出的照片光影造型好，如右图所示。如果室内窗户很多，四面环窗，那么画面的明暗反差就会较小，如下图所示，这时适合表现带有高调氛围的柔美效果。

光圈F3.2
感光度200
焦距24mm
快门速度1/40s

拍摄要点：①人物脸部受光均匀，画面光感强烈，使用点测光对准人物脸部较亮处测光；②人物低眉颔首的神态表达出安静沉思的情绪氛围；③运用纵向三分法构图，将人物安排在左侧1/3处，进行有效突出。

拍摄要点：①现场光线照射充足，白色的桌面起到了很好的反射光的作用；②人物弯曲的胳臂与肢体形成了稳定的三角形形态。

光圈F1.8
感光度250
焦距35mm
快门速度1/500s

当室外是阴天时，照射进窗户的光线会很柔和，此时画面的明暗反差适中，适合表现柔美的画面意境。

拍摄要点：①阴天时画面光感不强，因此我们可以通过增加窗纱来丰富画面内容；②人物掀起窗纱，望向窗外的神态十分自然。

光圈F6.3 | 感光度200 | 焦距50mm | 快门速度1/250s

2. 如何选择光位

利用窗户光拍摄人像时，我们可以通过改变人物的受光角度来实现不同的画面效果。

①人物正面朝向窗户。人物正面面向窗户，整个脸部都处于光照之下，会把轮廓刻画得很明显。这种拍摄角度最好选择清晨或傍晚时，阳光照射强度弱，可以拍出暖意融融的画面效果。

光圈F2.8
感光度500
焦距50mm
快门速度1/250s

拍摄要点：①黄昏时的光线照射柔和，光影交错的画面使人感觉温暖；②人物斜靠在木梯上，弯曲的胳膊和腿构成了迷人的曲线美姿。

除了可以在室内拍摄外，我们也可以尝试在室外隔着玻璃拍摄，来表现一种带有故事感的画面。

光圈F2.2
感光度100
焦距85mm
快门速度1/5000s

拍摄要点：①准确对焦，由于窗户玻璃的反光，会出现自动对焦难以对焦的情况，这时可以将对焦模式切换为手动对焦，选择左侧人物的眼睛作为对焦点；②避开高亮的反光面，构图取景时，要防止玻璃反光区域影响主体。

②人物侧向窗户。当人物侧向窗户时，会产生侧面光照的效果，这样拍出的照片会更有立体感。在拍摄过程中，可以让人物小幅调整脸的朝向，直至调整到一个比较理想的光照角度。另外，通过调整人物与窗户之间的距离，还可以改变人物脸部的受光强度。

拍摄要点：①虚化左侧的人物背影，既可以突出右侧的主体人物，也可以增加画面的空间纵深效果；②等待时机，抓拍人物展颜欢笑的瞬间。

光圈F2
感光度400
焦距85mm
快门速度1/640s

③ 人物背对窗户。当人物背对窗户时，会产生逆光的光照效果，这样的照片效果会呈现出朦胧暖意的高调氛围。

光圈F2.5
感光度200
焦距35mm
快门速度1/40s

拍摄要点：①在逆光拍摄时，我们要优先考虑人物的脸部曝光准确，此时可以忽略背景是否过曝，如果想避免背景的细节丢失，可以通过拉上白纱来降低光线的照射强度，或者借助白色的反光物体对人脸进行补光，以降低脸部与背景之间的明暗光比；②注意美姿造型与脸部表情。

3. 设置曝光模式为手动模式

由于窗户前的位置相对固定，短时间内的光线变化不大，因此可以先使用光圈优先模式测光，确定好曝光组合后，再切换为手动曝光模式。

4. 设置曝光三要素：光圈、快门速度和感光度

拍摄要点：①逆光拍摄时，为了保证人物脸部的准确曝光，需要使用点测光对准人物脸部测光；②借助书本的反光，可以有效降低人脸与背景亮光之间的明暗光比。

窗户光有强有弱，如果是艳阳高照的天气，那么可以从最低感光度设起；如果是阴天，那么就从ISO 200开始设起。光圈可大可小，具体根据画面表达的需要以及快门速度是否在安全快门以上来综合考虑。

光圈F1.8
感光度160
焦距85mm
快门速度1/1250s

5. 完成测光和对焦

测光的思路是要优先保证脸部的曝光准确，多数情况下可以设置测光模式为点测光，对准人物脸部测光即可。遇到明暗反差较大的情况，例如下图中的人物侧对窗户时，画面的明暗反差较大，这时需要对准人物脸部明暗交界的额头位置测光。设置对焦模式为单点单次对焦，对准画面右侧人物的眼睛对焦；然后保持半按快门，锁定对焦，移动相机确定构图，完成拍摄。

实时查看曝光效果，可以手动调整光圈大小或快门速度来改变曝光效果。

拍摄要点：①通过控制人物与窗户间的距离来控制人物受光一侧的光照强度，即远离窗户就可以减弱脸部的光照强度；另外，可以使用白色的反光物体对处在暗部背光面的脸部进行补光；②发型、服装与背景要搭配得当。

光圈F3.5
感光度320
焦距35mm
快门速度1/30s

5.5 如何拍好雪景人像

白色的雪地简化了背景，可以轻松实现主体人物的突出。怎样才能拍出唯美的雪景人像呢?

1. 什么时间段比较好

拍雪景的时间没有固定要求，既可以选择下雪时拍摄，也可以选择雪停后拍摄。

拍摄要点：①选择在马路中间拍摄，路旁两侧的树木起到了延伸画面空间的作用；②增加道具气球，丰富了画面的色彩层次。

光圈F2.5 | 感光度400 | 焦距85mm | 快门速度1/3200s | 曝光补偿+0.5EV

2. 如何选择场景和服装道具

尽量选择背景空旷、可以表现大面积雪景的场景。如果想要人物更突出，就选择鲜艳一些的衣服；如果想要表现人物的素雅气质，就选择浅色的衣服。

拍摄要点：①使用大光圈虚化背景，突出主体人物；②红色衣服在白色雪景的衬托下显得分外醒目；③运用三分法构图，将人物放在右侧1/3处，进行有效突出。

光圈F2.8 | 感光度200 | 焦距175mm | 快门速度1/200s

3. 设置曝光模式为光圈优先模式

拍摄雪景人像时，如果需要使用大光圈拍出背景虚化的效果，那么就选择光圈优先模式拍摄；如果想要表现雪的不同形态，例如雪花或雪丝，那么就选择快门优先模式拍摄。

4. 设置曝光三要素：光圈、快门速度和感光度

在光圈优先模式下，设置大光圈+低感光度的曝光组合，可以获得背景虚化的细腻画质。

拍摄要点：①选择有空间延伸感的背景拍摄；②使用大光圈虚化背景，突出主体人物；③较高的快门速度拍出了凝固状的雪花效果；④运用纵向三分法构图，将人物放在画面左侧1/3处，进行有效突出。

光圈F1.4
感光度400
焦距85mm
快门速度1/3200s
曝光补偿+0.3EV

当我们想要拍出雪花凝固（通常拍出雪花凝固成片状效果的快门速度要在1/200s以上）或者是雪丝飞舞（拍出雪丝飞舞效果的快门速度为1/60~1/30s）的效果时，就可以将相机设置为快门优先模式。

拍摄要点：①使用快门优先模式，将快门速度设置为1/60s，拍摄出雪丝效果；②人物手捧脸颊的姿态，可以起到瘦脸的美化作用。

光圈F4
感光度100
焦距135mm
快门速度1/60s

5. 完成测光和对焦

拍摄雪景人像时，可以使用评价测光对画面进行整体测光，为了获得准确的曝光效果，需要应用“白加”的曝光补偿原理，适当增加0.5EV~1EV的曝光补偿。如果是拍摄正在下雪时的人像，一定要先对准人物对焦并保持锁定，因为不断飞舞的雪花会干扰相机的对焦。

拍摄要点：①使用大光圈虚化背景，突出主体人物；②增加气球，丰富画面结构；③人物用围巾半遮面部，强调出含蓄的美感。

光圈F2.5
感光度400
焦距85mm
快门速度1/3200s
曝光补偿+0.5EV

5.6 如何拍好复古风格人像

扫码看视频

拍摄复古风格人像时，我们通常会选择一些古建筑的场景来拍摄。那么如何才能拍出有韵味的复古风格人像呢?

1. 什么时间段比较好

拍摄复古风格人像，最好的时间段是在下午3点到5点，这时的光线柔和、温暖，拍出的画面效果光感氛围好。

拍摄要点：①使用评价测光对准人物脸部测光，由于场景中深色占比较高，因此需要减少曝光补偿，才能获得准确曝光；②保留一定的前景，可以使画面更有空间感；③利用线装书做道具既可以使场景更生动自然，又能对人物的脸部起到一定的补光作用。

光圈F2.8
感光度200
焦距200mm
快门速度1/500s
曝光补偿-0.67EV

光圈F3.5 | 感光度200 | 焦距135mm | 快门速度1/800s

2. 如何选择场景和服装道具

拍摄复古风格人像时，最好选择一些古色古香的亭台楼阁或者长廊进行拍摄，可以搭配一些实用的小道具，例如油纸伞、皮箱、长围巾以及线装书等来丰富画面内容。

3. 设置曝光模式为光圈优先模式

选择光圈优先模式，以便能够更好地控制画面的虚实效果。

4. 设置曝光三要素：光圈、快门速度和感光度

拍摄复古风格人像时，我们通常会设置大光圈+低感光度的曝光组合进行拍摄，如果快门速度不够快，就逐级提高感光度的数值，直至快门速度达到安全快门以上为止。

拍摄要点：①使用点测光对准人物脸部亮光处测光；②镜头靠近左侧的廊柱拍摄，可以有效地突出画面的空间延伸感，使观看者的视线很容易汇聚到主体人物身上；③运用纵向三分法构图，将人物放在画面右侧1/3处，人物更醒目突出。

光圈F2.8
感光度200
焦距200mm
快门速度1/500s

拍摄要点：①选择有空间延伸感的长廊拍摄；②使用大光圈虚化前后景，突出主体人物；③使用评价测光模式，并减少曝光补偿拍摄；④利用廊柱形成框架式构图，起到了汇聚视线到主体人物身上的作用。

光圈F3.2
感光度200
焦距200mm
快门速度1/250s

5. 完成测光和对焦

在大面积深色场景中，首先我们要调整人物的位置，让光线能够照射到人物身上，然后设置测光模式为点测光，对准人物脸部测光。如果是使用评价测光（尼康相机为矩阵测光），就要依据黑减的原则，设置曝光负补偿，这样才能获得准确的曝光效果。设置对焦模式为单点单次对焦，先对焦并半按快门锁定，然后水平移动相机，重新构图拍摄。

光圈F2.8
感光度200
焦距200mm
快门速度1/400s
曝光补偿-0.67EV

拍摄要点：①傍晚时分的光线十分柔和，运用前顺光照亮人物，突出画面的光感氛围；②使用点测光对准人物额头位置测光；③人物出神地望向画面一角，画面生动而真切。

5.7 如何拍好银杏林情侣照

拍摄情侣照片需要同时兼顾画面中的两个主体，除了保证主体处于同一对焦平面以获得同样清晰的效果以外，还可以通过虚实、动静等拍摄手法来丰富画面表现。

1. 什么时间段比较好

拍摄银杏林，最好选择银杏叶子黄尽的时候拍摄，时间段选择上午10点前或者下午2点后。

光圈F2.8
感光度200
焦距200mm
快门速度1/800s

拍摄要点：①利用树木的延伸感，强化画面的空间感；②确保两个情侣在同一水平面，以获得同样清晰的景深效果；③人物伸胳膊、屈膝等一系列动作，避免了画面的呆板，丰富了曲线美感。

2. 如何选择场景和服装道具

服装可以选择白色、红色纱裙或者上图这种素雅的休闲服装。另外，配饰也起着十分重要的作用，例如上图中的帽子、领结、心形的盒子以及花束，这些都可以让画面看起来更加自然、不单调。

3. 设置曝光模式为光圈优先或快门优先模式

大多数情况下，我们会使用大光圈拍摄以获得背景虚化的效果，因此设置光圈优先模式可以快速地调整光圈值的大小；如果需要拍摄动静结合的画面效果，那么可以设置快门优先模式，这样可以更准确地控制快门速度。

光圈F16
感光度200
焦距85mm
快门速度1/15s

拍摄要点：①借助三脚架拍摄，设置1/15s的快门速度，可以拍出人物奔跑的动感效果；②注意避免背景的树木与人物发生重叠；③对焦时使用单点单次自动对焦，对准静止不动的女孩对焦。

4. 设置曝光三要素：光圈、快门速度和感光度

在室外光线较好的情况下，设置大光圈配合低感光度的曝光组合，可以获得背景虚化和画质细腻的画面效果。如果碰到阴天光照不足的情况，那么就要根据快门速度是否在安全快门以上来确定感光度的数值，保证快门速度达到安全快门以上。

光圈F2.8
感光度100
焦距200mm
快门速度1/100s

拍摄要点：①情侣相视而笑的温情瞬间，营造出浪漫的画面氛围；②运用九宫格构图法，将人物放在画面左下角，进行有效突出。

5. 完成测光和对焦

大多数情况下，使用评价测光（尼康相机为矩阵测光）就可以获得准确的曝光效果。对焦模式设置为单点单次自动对焦，先对焦，后移动相机，重新进行构图。

光圈F2.8
感光度200
焦距200mm
快门速度1/640s

拍摄要点：①使用大光圈贴近近景的银杏叶，可以拍出前景虚化的梦幻效果；②镜头距离银杏叶太近，往往会影响到镜头的对焦效果，我们可以先手动移开银杏叶，然后待人脸对焦成功后，半按快门锁定对焦，再放回银杏叶，按下快门，完成拍摄。

5.8 如何拍好图书馆人像

扫码看视频

在图书馆里拍摄人像相对简单，可以利用的道具有书架和书籍，那么如何才能在有限的场景中拍出漂亮的人像作品呢？

1. 什么时间段比较好

图书馆内的照明源主要是窗户光，通常应选择上午10点以后或下午3点以前阳光照射较为充足的时段拍摄，这样才能拍出较好的光线氛围。

拍摄要点：①选择书架的通道取景，借助两侧的书架，使画面具备一定的框架效果；②强逆光角度拍摄时，应使用点测光对准人物脸部测光，优先保证人脸的曝光准确；③利用敞开书本的反光，给脸部轻微补光；④人物一前一后时，应注意空间错位，避免出现重叠。

光圈F1.8
感光度800
焦距50mm
快门速度1/80s

2. 如何选择场景和服装道具

可以选择书架为背景，也可以选择在靠近窗户的桌子前拍摄。服装尽量选择轻松一些的休闲服装。

拍摄要点：①采用侧逆光的拍摄角度，突出画面的光感氛围；②以书架为背景，交代了拍摄场景；③略微向左倾斜相机，可以营造出画面的动感效果。

光圈F2 | 感光度200 | 焦距35mm | 快门速度1/50s

3. 设置曝光模式为光圈优先模式

拍摄图书馆人像时，通常需要使用大光圈来提亮画面，虚化背景，因此使用光圈优先模式可以更快速地调整光圈的大小。

拍摄要点：①借助窗户光，形成侧光的照射效果；②人物若有所思地望向窗外，给人一定的画面想象空间；③运用三分法构图，将人物放在画面左侧1/3处，可有效突出人物主体。

光圈F2.2
感光度800
焦距50mm
快门速度1/50s

4. 设置曝光三要素：光圈、快门速度和感光度

当光线照射充足时，就使用大光圈+低感光度拍摄；光线较弱时，就使用大光圈+高感光度的曝光组合。

拍摄要点：①将镜头贴近书架并使用大光圈虚化近景的书架，可以有效突出主体人物，并形成一定的视线延伸效果；②运用三分法构图，将人物放在画面右侧1/3处，可有效突出人物主体。

光圈F2.2
感光度400
焦距85mm
快门速度1/160s

5. 测光和对焦

使用点测光对准人物脸部测光；设置对焦模式为单点单次对焦，先对焦，后移动相机，重新进行构图。

光圈F1.4 | 感光度400 | 焦距50mm | 快门速度1/400s

拍摄要点：①使用点测光对准靠近镜头的人物脸部测光；②透过书架中的缝隙取景，形成框架式的构图效果，可以更有效地汇聚视线至主体人物，并营造故事氛围。

5.9 如何拍好街头人像

扫码看视频

街头的场景相对杂乱，因此选景至关重要，下面我们讲解如何拍好街头人像。

1. 什么时间段比较好

拍摄街头人像的时间并没有太多限制，可以选择早、中、晚的任意时段，无论是阴天、阳光充足时或者是夜晚（街头夜景人像的拍摄详见下一节），都可以拍摄。

光圈F3.2
感光度500
焦距145mm
快门速度1/640s

拍摄要点：①阴天拍摄时，选取路边的汽车为背景，更容易突出金属的质感；②选取红、黑色的汽车作为背景，形成一定的色彩对比，可以有效延伸视觉空间；③有意增加一部分摩托车车体，使其与黑色的轿车和远处的红色巴士构成三角形的画面稳定效果；④人物重心放在右侧腿上，采用使肢体略带曲线的柔美造型。

光圈F1.8 | 感光度100 | 焦距35mm | 快门速度1/1250s

拍摄要点：①在晴天光照强烈的环境下，调整人物的角度侧向光线，可以制造一定阴影，使人物的面部更有立体感；②使用广角镜头仰角拍摄，可以避开主体背后杂乱的景物，使画面更简洁、主体更突出，这种拍摄手法会使景物本身的线条向上汇聚，从而产生一种向上的冲击力，形成夸张变形的效果。

2. 如何选择场景和服装道具

街头人像的背景可以选择具有视觉延伸感的马路、热闹的十字路口或者有特点的建筑物等。服装尽量选择休闲时尚一些的衣服，然后可以适当搭配背包、围巾、帽子和眼镜等。

光圈F3.2
感光度400
焦距140mm
快门速度1/320s

拍摄要点：①人物低头含笑、若有所思的神情，使照片充满了故事感；②安排人物站在马路中间，两侧的汽车形成了汇聚线条的效果，有效地延伸了画面的视觉空间。

拍摄要点：①选择只有一侧停放有车辆的街道拍摄，背景空间更开阔，更有利于延伸视觉空间；②人物一只手抚弄头发，另一只手扶按挎包的动作，自然得体，看起来十分优雅；③运用三分法构图，将人物安排在画面左侧1/3处，进行有效突出。

光圈F4
感光度320
焦距85mm
快门速度1/250s

3. 设置曝光模式为光圈优先模式

街头的光线时有变化，并且经常需要使用大光圈拍摄，因此需要选择光圈优先模式进行拍摄。

4. 设置曝光三要素：光圈、快门速度和感光度

光线照射充足时，就使用大光圈+低感光度拍摄；光线较弱时，就使用大光圈+高感光度的曝光组合。

拍摄要点：①使用大光圈虚化背景，突出主体人物；②设置连拍模式，拍摄多张人物互动的瞬间，从中选择表情动作最理想的一张；③向右倾斜相机，可以营造画面的动感效果。

光圈F2.8
感光度100
焦距155mm
快门速度1/400s

5. 完成测光和对焦

使用评价测光可以应对大多数的街头人像拍摄，如果遇到强逆光或者局部光的场景，可以使用点测光对准人物脸部测光。在使用评价测光时，如果遇到大面积的深色背景，要学会运用黑减的原理，减少曝光补偿。对焦模式通常选择单点单次对焦，先对焦，后构图。如果人物处于运动状态，可使用连续自动对焦+多点自动选择自动对焦区域的对焦组合。

拍摄要点：①为了能够拍出动态的画面效果，安排人物走动起来，走动时要注意舒展四肢（避免肢体重叠），有一种大步往前走的朝气与活力，同时还要确保昂首挺胸的姿态；②保留两侧的植物既可以稳定画面，又可以形成一定的框架构图效果。

光圈F2
感光度100
焦距50mm
快门速度1/200s

5.10 如何拍好夜景人像

扫码看视频

由于夜晚的环境光线较暗，新手在拍摄夜景人像时，很容易出现下面3种情况：照片模糊；背景正常，人脸很黑；人脸正常，背景过曝。那么如何才能拍出清晰的、背景和人物都曝光正常的夜景人像呢?

1. 拍不好夜景照片的主要原因及解决办法

照片模糊的原因及解决办法

照片模糊的原因无非就是快门速度太慢和对不上焦。快门速度慢需要用提高感光度和使用大光圈来解决，需要注意的是高感光度会增加照片噪点，降低画面效果，因此感光度不宜超过ISO 2000。对不上焦是因为人物脸部太暗，解决的方法就是让人物脸部有光线，使用环境光或人造光（闪光灯、LED灯等）均可。

背景正常、人脸很黑，或人脸正常、背景过曝的原因及解决办法

背景正常、人脸很黑或人脸正常、背景过曝的主要原因就是人物脸部太暗。此时，如果想保留夜景的氛围，对亮的（有光线）背景测光就会出现背景正常、人脸很黑的情况；如果对人脸测光就会出现人脸正常、背景过曝的情况。解决的方法也是让人物脸部有光线。

2. 寻找环境光线好的场景

夜晚的城市中，车水马龙的商业区往往有比较充足的环境光线，路灯、商店、橱窗的光线都可以用来弥补夜晚光线不足的问题，在这些地方能拍出很漂亮的夜景人像照片。

使用商店或橱窗的光线为人物脸部补光时的测光方法

在使用商店或橱窗的光线为人物脸部补光时，取景范围一般都比较小，这种情况下一般使用点测光对准人物脸部光线明暗适中的位置测光，就可以获得准确的曝光效果。

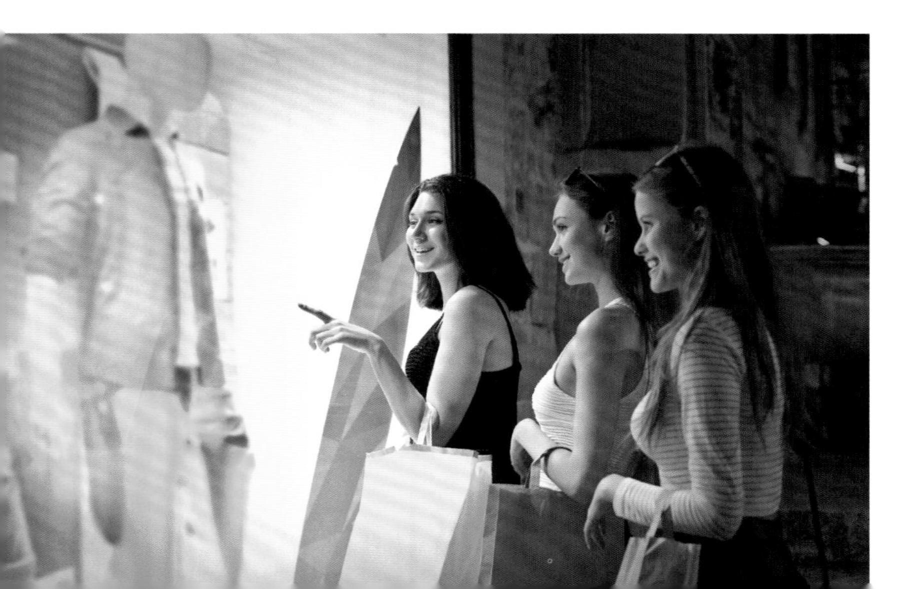

拍摄要点：①借助橱窗光形成的大面积光照效果，可以拍出光感自然的夜景人像；②拍摄多人时，选择特点最鲜明的人物对焦，例如左图中对准伸出手臂的人物面部对焦。

光圈F2.8
感光度640
焦距50mm
快门速度1/40s

拍摄要点：①大面积的柔和灯光给人物脸部带来了均匀的补光效果；②采用纵向三分法构图突出主体人物。

光圈F1.4
感光度250
焦距50mm
快门速度1/160s

保留夜景氛围时的测光方法

当背景比较亮，例如被射灯打亮的建筑物，或者车水马龙、有红绿灯又有路灯的路口、天桥等灯火通明的地方，要想保留夜景的氛围，就需要对背景明暗适中的地方使用点测光进行测光。

光圈F1.4
感光度1250
焦距85mm
快门速度1/320s

拍摄要点：①选择高处的立交桥拍摄，可以有效地拉开人物与背景的空间层次；②人物望向画面一侧，带来了画面空间感的延伸；③使用大光圈拍出漂亮的光斑；④寻找路灯能打亮人物脸部的位置。

3. 如何使用人造光为人物补光

当手边有人造光源（LED灯或闪光灯）可以为人物补光的时候，我们就可以专注于寻找好的背景。此时我们就可以把夜景人像当作环境人像来拍摄。需要注意的是人造光的光比要尽量小，以投射到模特脸上的光不感觉生硬为好，LED灯的前面最好有小型的柔光箱，也可以用白色柔光布罩住LED灯，而闪光灯最好搭配使用柔光伞。

拍摄要点：①背景建筑和道路的线条形成了汇聚线的空间延伸效果；②人物望向画面一侧的眼神，同样起到了延伸画面空间的作用。

光圈F2
感光度800
焦距85mm
快门速度1/50s

类似下图所示，把人造光源放在右侧人物的左后方，打出轮廓光，拍出剪影的效果也不错。

拍摄要点：①人物与背景亮光处的明暗光比较大，为了更好地保留夜色氛围，使用点测光对准背景测光；②拍摄剪影效果时，要重点强调人物的姿态和画面的意境表现。

光圈F1.4
感光度1000
焦距85mm
快门速度1/160s

4. 建议使用RAW格式拍摄

在拍夜景人像的时候，现场光线可能会比较杂乱，为了后期纠正白平衡不准的问题或者能得到自己想要的影调，最好采用RAW格式拍摄。

拍摄要点：①利用车内的照明灯和手机屏幕的光，完成对人物脸部及车内的照明；②使用点测光对准人物脸部测光；③运用九宫格构图法将人物安排在画面右下角，进行有效突出。

光圈F1.4
感光度2000
焦距50mm
快门速度1/60s

5.11 如何拍好景动而人不动的动感人像

景物动而人物不动的画面效果，往往带给观看者时光流逝的动感效果，引人思索，那么如何才能拍出这种炫酷的画面效果呢？

1. 什么时间段比较好

想要拍出景动而人不动的效果，需要使用慢速快门来拍摄，这就要求选择环境光线较暗的时段拍摄，例如阴天或晚上。

2. 如何选择场景

较为适合拍摄动感人像的场景包括海边、火车站台以及夜色中的十字街头等。在海边拍摄时可以利用海水的雾化效果来实现画面的动感效果；在火车站台拍摄时，可以利用飞驰的火车来实画面的动感效果；在十字街头拍摄时，可以利用行驶的汽车或人流来实现画面的动感效果。

拍摄要点：①选择较高的拍摄机位，保证近处和远处的礁石不会出现重叠，画面会更有空间层次感；②人物绷直脚背，拍出的效果会更显修长；人物低头沉思的神态，让画面充满想象力；③运用九宫格构图，将人物安排在画面右上角的九宫格交汇点附近，可以更加有效地突出人物。

光圈F11
感光度100
焦距102mm
快门速度25s

3. 设置曝光模式为快门优先模式

使用快门优先模式，可以更准确地控制需要使用的快门速度。

4. 设置曝光三要素：光圈、快门速度和感光度

选择快门优先模式，设置低感光度+慢速快门（至少要低于1s，才能拍摄到雾状的海面效果）的曝光组合，查看相机测光后测得的光圈大小，如果光圈大小在最小光圈以内，那么就可以按照这个曝光组合拍摄；如果液晶屏上的光圈值处在最小光圈值，并且一直在闪烁，那么说明当前的最小光圈值无法实现正确曝光，拍出的照片会过曝，这时就需要借助ND减光镜来拍摄。安装ND减光镜以后，就可以降低镜头的通光量，实现慢门拍摄。安装ND减光镜后的快门速度=未安装减光镜的快门速度（1/30s）×ND后的系数（4、8或者1000）。如果使用高倍数的ND减光镜，例如ND1000，就会导致取景器内一片漆黑，因此我们需要在未安装减光镜前，先完成对焦，然后切换成手动对焦模式，调整好构图，再安装减光镜拍摄。

拍摄要点：①火车的运行速度较快，这时我们使用较快的快门速度就可以拍摄出动感的画面效果；②安排人物位于画面中央，形成左右对称的平衡效果。

光圈F8
感光度200
焦距17mm
快门速度1/30s

5. 完成测光和对焦

使用评价测光对场景平均测光后，锁定曝光。设置对焦模式为单点单次自动对焦，先对焦，后构图。

5.12 思考与练习

- 在窗户前，练习窗户光人像拍摄
- 在热闹的步行街，练习弱光人像拍摄
- 花开时节，练习花海中的人像拍摄
- 大雪纷飞时，练习雪中的人像拍摄

第6章

儿童摄影

6.1 掌握儿童摄影的8个基本要点

儿童摄影更强调抓拍的重要性和画面的趣味性。下面我们先来学习拍好儿童照片的8个基本要点，以方便拍摄者快速掌握儿童摄影的要领。

1. 熟练对焦，才能精准抓拍

孩子总是很好动，想要抓拍到清晰的照片，需要及时切换相机的对焦模式。当孩子处于静止状态时，就使用单点单次对焦模式或者手动对焦模式拍摄；当孩子处于运动状态时，就使用连续自动对焦模式拍摄。

光圈F4 | 感光度100 | 焦距120mm | 快门速度1/1600s

2. 调动孩子的情绪

如果孩子不愿意拍照，请不要泄气，那多半是因为孩子觉得不好玩。如何才能调动孩子的情绪，让孩子爱上拍照呢？一个好玩的小道具、一颗诱人的棒棒糖、一个搞怪的鬼脸或者一个有趣的场景模拟都会让孩子开心不已。只有孩子身心放松地乐在其中，拍摄者才能更容易拍出生动有趣味的作品。

3. 抓拍最自然的表情

最自然的表情大多不是来自于刻意的摆拍。只有掌握调动孩子情绪的秘诀，才能更容易抓拍到孩子自然生动的表情。右图就是抓拍到的孩子吹蒲公英的快乐瞬间。

光圈F3.5
感光度200
焦距85mm
快门速度1/320s

左图抓拍孩子陶醉在音乐中的快乐瞬间。

光圈F4.5
感光度100
焦距32mm
快门速度1/125s

右图借助窗户光，抓拍孩子们互动嬉戏的快乐瞬间。

光圈F1.8
感光度200
焦距85mm
快门速度1/200s

4. 随时随地都可以拍

拍摄孩子可以选择家中儿童房的一角或窗户前，也可以选择图书馆或商场，当然还可以选择户外的草地、篮球场及街道等。场景固然重要，但更重要的还是孩子的神态和表情，以及画面的真实性和趣味性。

光圈F3.2 | 感光度200 | 焦距200mm | 快门速度1/320s

5. 教会孩子除剪刀手之外的其他动作

你是否遇到给小朋友拍照时，一说摆个姿势，就会看到孩子们认真地摆出剪刀手的姿态？其实除了剪刀手以外，还有很多动作可以尝试，当然成功拍摄的前提是一定要让孩子放松下来，否则很容易弄巧成拙。

手托下巴的姿态，使孩子的神态看起来很放松
光圈F3.2 | 感光度100 | 焦距85mm | 快门速度1/200s

光圈F2.8 | 感光度400 | 焦距102mm | 快门速度1/800s

回眸一笑，使孩子看起来富有灵性

光圈F3.2 | 感光度250 | 焦距200mm | 快门速度1/400s

孩子趴在地板上，望向一侧，画面既有趣味性又有故事感

6. 笑脸不是唯一值得表现的

总是拍摄孩子的笑脸，难免也会令人产生审美疲劳，给人千篇一律的感觉。除了笑脸，还可以拍摄孩子若有所思、认真忙碌、噘嘴不高兴甚至是哇哇哭闹的小表情，当这些表现不同情绪的照片汇总到一起时，我们看到的将会是孩子真实而又有趣的成长过程。

嗨，你在想什么呢？　光圈F2.8 | 感光度200 | 焦距80mm | 快门速度1/80s

好朋友　光圈F5 | 感光度125 | 焦距160mm | 快门速度1/125s

7. 构图并不是最重要的

通过前面的讲解，我们不难看出，拍摄孩子最为关键的是捕捉孩子真实的瞬间表情，然后才是对场景的选择，而最后要考虑的才是构图。当然，我们不是说构图不重要，而是说相对于前面两个方面来说，构图可以不完美，但表情和场景不理想，照片的表现力就会差很多。下图的场景看起来有些杂乱，构图并不美观，但孩子的瞬间表情抓拍得很到位，所以这仍然是一张让人满意的照片。

光圈F4
感光度640
焦距50mm
快门速度1/200s

8. 拍些幽默的画面

表现孩子的可爱可以有很多方式，比如孩子的滑稽表情或者有趣的动作。拍摄下图时，通过画面中强烈的色彩对比以及孩子夸张的神态动作，实现了幽默的画面表达。

光圈F4
感光度100
焦距105mm
快门速度1/2000s

6.2 如何拍好软萌的婴儿

扫码看视频

婴儿无论怎么拍都会很可爱，如果会点小技巧，那么会让萌宝瞬间看起来与众不同。

1. 什么时间段比较好

由于拍摄萌宝基本上都是在室内进行的，因此在时间上并没有太严格的限制。虽然是在室内拍摄，却要严禁使用闪光灯，这是因为闪光灯的亮光会对婴儿的眼睛造成伤害。因此选择光线照射较好的时段靠近窗户拍摄是首先要推荐的，当然也可以在其他时间段借助室内照明灯拍摄。

2. 如何选择场景和道具

拍摄场景一般选择靠近窗户的婴儿床、卧床或沙发。道具一般选择各种玩具、奶瓶、帽子及小配饰等。道具并不是必须要有，也并不是越多越好，要根据画面表达的需求合理安排。

拍摄要点：①婴儿床靠近窗户，利用浅色的家具和墙壁的反射光；②桌子上的玩具与婴儿形成对角线呼应，增加了画面的空间感；③逗萌宝开心，快速抓拍。

光圈F1.8 | 感光度100 | 焦距50mm | 快门速度1/250s

拍摄要点：①选择单色的可接触婴儿皮肤的粗线毛毯，可增加背景的质感，与婴儿细腻的皮肤形成对比；②选一顶颜色与背景相搭的粗毛线帽子，会让萌宝看起来更加软萌可爱；③斜线构图让照片不呆板。

光圈F2.5
感光度400
焦距35mm
快门速度1/400s

3. 设置曝光模式为手动模式

室内拍摄时，由于环境光线相对稳定，因此设置手动曝光模式后就不需要反复测光，这样能让拍摄更加轻松。

4. 设置曝光三要素：光圈、快门速度和感光度

首先需要调整光圈的大小，通常需要设置成大光圈或较大光圈。那么如何确定具体的光圈值呢？掌握以下几个原则即可。①是否要交代环境？如果需要，就适当缩小一下光圈，能够分辨环境信息即可。②背景是否不太规整且无法移动？如果是，就采用大光圈虚化背景。③是否熟练掌握对焦后重新移动构图的方法？如果不熟练，为了重新构图时不跑焦，可适当缩小一下光圈，增加景深。

当光圈确定后，使用光圈优先模式对婴儿眼睛或脸部测光，查看匹配的快门速度，当快门速度不够快时，就提高感光度的数值。完成设置后，切换成手动曝光模式。

拍摄要点：①婴儿床靠近窗户，白色的床单和墙壁形成较好的反射光；②采用大光圈虚化背景；③蹲低以水平视角拍摄，容易表现出婴儿的世界；④利用奶瓶道具，拍摄萌宝真实可爱的一面。

光圈F2.5
感光度160
焦距50mm
快门速度1/125s

5. 完成测光和对焦

测光模式使用点测光，然后对准萌宝的眼睛或脸部测光。由于萌宝还不会自主挪动位置，因此对焦会比较简单，使用单点单次对焦模式半按快门对准萌宝的眼睛对焦，然后锁定对焦，重新移动相机，进行构图即可。

拍摄要点：①萌宝坐在妈妈身上，抓拍妈妈抻开萌宝胳膊的温馨场景；②室内照明充分，白色的墙壁、衣服和床单的反射都起到了很好的补光作用；③对准萌宝的眼睛对焦，为了保证萌宝和妈妈都能清晰呈现的景深效果，光圈值不宜设置过大。

光圈F2
感光度100
焦距85mm
快门速度1/160s

6. 如何让照片更有趣味

掌握了前面讲到的基本拍摄技巧后，接下来，我们可以构思如何将照片拍摄得更有趣味，以充分体现萌宝的可爱。例如可以拍摄大人给萌宝按摩的场景、萌宝睡觉的场景以及一些有趣的局部特写照片。

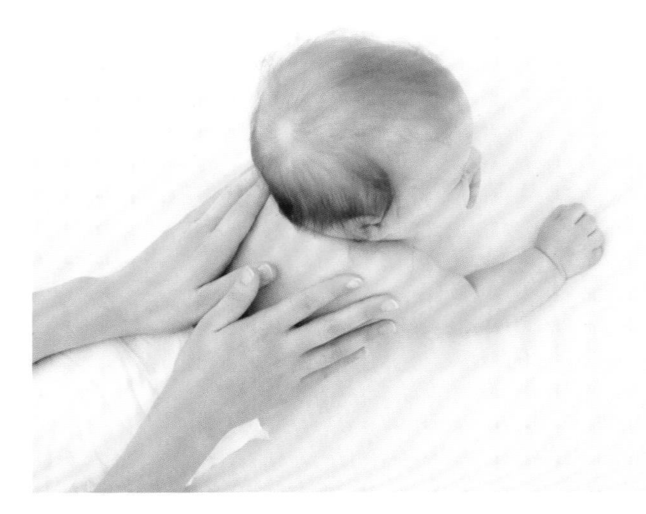

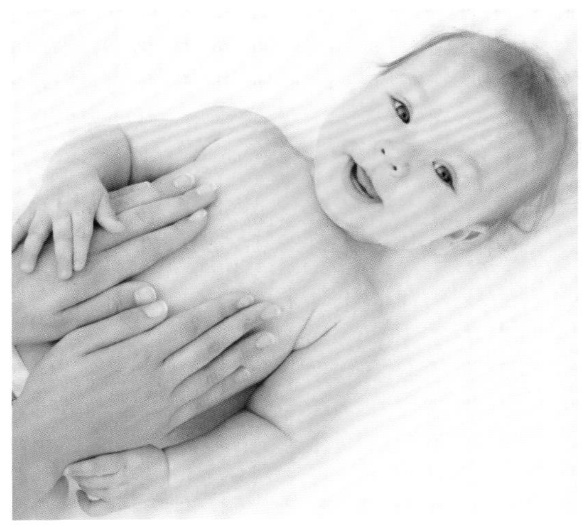

拍摄要点：①给萌宝按摩的场景是非常好的拍摄时机，此时的取景以重点突出萌宝为主，大人只保留手部即可；②拍摄时，可以设置大光圈，制造虚实对比的效果，来重点突出局部；③俯拍有利于表现按摩的细节。

光圈F2.8
感光度640
焦距35mm
快门速度1/50s

拍摄要点：①利用不同的毛毯衬托萌宝，可以获得更丰富的画面表现；②简单调整萌宝手臂的位置，可以改变画面构图效果；③运用斜线构图，让画面看起来更加生动。

光圈F2.8
感光度400
焦距50mm
快门速度1/400s

光圈F2 | 感光度400 | 焦距50mm | 快门速度1/100s

拍摄要点：①如果我们想展示孩子的一系列照片，那么拍摄一些局部的小特写来补充、丰富画面是非常不错的选择；②遵循大小对比的思路，让萌宝的小脚和大人的手形成对比；③在运用大小对比的同时，我们还可以发挥创意思维，让手形成心形图案，表达一种爱的呵护。

光圈F1.6 | 感光度125 | 焦距50mm | 快门速度1/160s

拍摄要点：①如果我们想展示孩子的一系列照片，萌宝的小鞋子、小袜子或者小玩具等也都是值得拍摄特写的好素材；②通过使用大光圈虚化背景，并将小鞋子安排在左上方的九宫格交汇点位置，实现了对主体的有效突出。

6.3 如何拍好室内儿童照

孩子一天天长大，父母都想抓住孩子们每个精彩的瞬间，记录孩子的成长经历。室内是儿童活动较多的场所，下面我们来介绍如何拍好室内儿童照。

1. 什么时间段比较好

室内拍摄时，主要的光源为窗户光和室内照明灯。利用窗户光拍摄时，应尽量选择白天光线照射较好的时段拍摄；利用室内照明灯拍摄时，没有时间要求，随时都可以拍。

拍摄要点：①利用小夜灯形成底光的照射效果，照亮孩子的脸部；②孩子手捧双颊，表现出沉浸于书中的专注；③使用点测光对准孩子额头位置测光，获得准确的曝光效果；④运用九宫格构图法，将孩子的脸部安排在右上角的九宫格交汇点附近，进行有效突出。

光圈F2.8
感光度400
焦距64mm
快门速度1/40s

2. 如何选择场景和道具

拍摄场景可以选择孩子的儿童屋、书桌前、窗户旁或者客厅的沙发等，道具的选择可以是孩子的玩具或者书本等。如果场景不够理想，那么可以通过缩小取景景别来减少背景的影响。

拍摄要点：①平拍的视角可以获得更真实的现场感；②利用床头灯照明，并采用逆光的拍摄角度，来突出画面的光感氛围；③白色的书本对人物的脸部起到了很好的补光作用；④让孩子和母亲尽量处于同一水平面，这样就可以大胆地使用较大光圈拍摄，而不用太担心景深的问题。

光圈F1.4 | 感光度320 | 焦距35mm | 快门速度1/100s

拍摄要点：①采用逆光拍摄，镜头中选取了一部分炫光进来打亮了人物背部；②小熊和孩子一起坐着，仿佛正在憧憬着美好的窗外世界，制造出有故事感的画面效果；③在构图思路上，借助围帘和女孩撑开的手臂形成了稳定的三角形构图。

光圈F6.3 | 感光度64 | 焦距26mm | 快门速度1/125s

3. 设置曝光模式为手动模式

室内拍摄时，由于环境光线相对稳定，因此设置手动曝光模式后就不需要反复测光，这样能让拍摄更加轻松。

4. 设置曝光三要素：光圈、快门速度和感光度

室内光线相对较暗，因此大多数情况下，我们需要使用大光圈+高感光度的曝光组合，来保证足够的安全快门。

拍摄要点：①孩子侧向窗户，借助窗户光拍出侧光的光影立体效果；②敞开的书本给孩子的脸部起到了很好的补光作用；③孩子盘腿坐着的姿态，给人轻松惬意的画面感。

光圈F5
感光度250
焦距70mm
快门速度1/160s

5. 完成测光和对焦

室内拍摄时，应首先考虑让孩子的脸部受光，然后使用点测光，对准孩子的脸部测光。如果孩子处于静止状态，就使用单点单次对焦；如果孩子处于运动状态，就使用连续自动对焦+多个对焦点自动选择自动对焦区域的对焦组合。

拍摄要点：①使用连续自动对焦+多个对焦点自动选择自动对焦区域追踪对焦；②借助敞开的门，形成框架式的构图效果，可以有效延伸画面空间；③运用纵向三分法构图，将孩子放在画面右侧1/3处，进行有效突出。

光圈F1.8
感光度500
焦距35mm
快门速度1/320s

6. 如何让照片更有趣味

和拍摄萌宝的思路略有不同，大一些的孩子会流露出探索和求知的有趣表情，因此我们要经常观察孩子的一举一动，做好抓拍趣味瞬间的准备。

拍摄要点：①孩子对某一事物感兴趣的表情往往透露着真实和趣味，拍摄孩子看小鱼的表情就是不错的选择；②从前侧位拍摄可以最大限度拍摄到孩子的表情和鱼缸中的金鱼；③大胆裁切取景局部，一是能突出重点，二是能排除杂物。

光圈F1.8 | 感光度125 | 焦距50mm | 快门速度1/200s

拍摄要点：①捕捉孩子眯起眼睛瞄准的可爱瞬间；②孩子身上的蓝色衣服与黄色的道具形成了冷暖色对比，丰富了画面的色彩层次。

光圈F2.5 | 感光度200 | 焦距50mm | 快门速度1/100s

6.4 如何拍好室外儿童照

扫码看视频

大自然是孩子们释放天性的好去处，要想拍好室外儿童照，先要学会如何选景，然后将孩子与场景很好地结合起来加以表现。下面我们来介绍如何拍好室外儿童照。

1. 什么时间段比较好

室外拍摄时，最好选择天气晴朗，阳光照射强度不高的时间段拍摄，例如上午10点前，或下午3点以后。

拍摄要点：①运用侧光，让孩子的脸部光照充足，以强调冷暖的对比效果；②在神态动作上，孩子张开双臂，自然地大笑。画面生动，充满感染力。

光圈F4
感光度200
焦距70mm
快门速度1/400s

2. 如何选择场景和道具

室外拍摄孩子的场景很多，例如花丛间、海边、雪地以及公园等，道具应结合想要拍摄的场景来选择，例如拍摄花丛中的小女孩时，可以选择铲子、喷壶或者草帽等，如果能让孩子投入到情景中，就很容易拍摄到孩子最自然的神态表情。

拍摄要点：①使用大光圈贴近花丛拍摄，强烈的虚实对比强化了画面的空间纵深效果；②孩子位于纵向三分线位置，视觉效果十分突出醒目；③以儿童的视线水平拍摄可以展示以他们的角度看到的世界。

光圈F1.4
感光度100
焦距85mm
快门速度1/640s

拍摄要点：①镜头贴近墙面拍摄，利用墙体形成的引导线，可以有效汇聚视觉中心至孩子们；②纵向三分法构图的运用，同样起到了有效突出孩子们的作用。

光圈F3.5
感光度100
焦距85mm
快门速度1/640s

光圈F2.2 | 感光度100 | 焦距135mm | 快门速度1/500s

拍摄要点：①取景时，保留大面积的雪景，并采用较高的拍摄机位，来实现背景的空间延展；②充分利用道具，使孩子可以更自然地融入场景中。

光圈F2.8 | 感光度200 | 焦距135mm | 快门速度1/320s

拍摄要点：①低角度贴近地面拍摄，通过虚化近景，可以营造画面的临场感；②孩子与大树之间形成大小对比的视觉冲突；③孩子聚精会神看书的姿态，使画面看起来自然生动。

3. 设置曝光模式为光圈优先模式

室外拍摄时，需要经常改变光圈的大小，因此建议使用光圈优先模式拍摄。

4. 设置曝光三要素：光圈、快门速度、感光度

室外拍摄的常用曝光组合为大光圈+低感光度，如果是阴天，需要查看快门速度是否在安全快门以上；如果低于安全快门，就需要通过增加感光度来提高快门速度。

拍摄要点：①使用较快的快门速度定格飘落的雪花，营造大雪纷飞的温馨画面感；②孩子闭上眼睛、扬起脸的神态，给人静听风雪的意境美。

光圈F1.8
感光度200
焦距85mm
快门速度1/500s

5. 完成测光和对焦

设置测光模式为评价测光（尼康相机为矩阵测光），就可以应对绝大多数的拍摄场景。如果是逆光拍摄，那么就使用点测光对准孩子的脸部测光。室外拍摄时，孩子大多会处于不断的运动中，因此需要选择连续自动对焦+多个对焦点自动选择自动对焦区域模式拍摄。当然，如果是安排孩子摆拍，就使用单点单次自动对焦拍摄。

拍摄要点：①拍摄时，应注意调整取景角度和抓拍时机，避免背景的树干与孩子出现重叠；②运用三分法构图，更有利于突出孩子。

光圈F1.8
感光度100
焦距85mm
快门速度1/1600s

6. 如何让照片更有趣

让照片更有趣的方式有很多，例如选择一些极端的拍摄角度或者让孩子进行角色扮演等，都可以拍摄到精彩的趣味瞬间。

拍摄要点：①低角度贴近水面拍摄，可以获得更好的现场感；②使用小光圈来保证更大的景深范围，更容易获得清晰对焦的效果；③抓拍孩子扬起水花的瞬间，可以增强画面的动感氛围。

光圈F5.6
感光度100
焦距16mm
快门速度1/250s

光圈F5.6 | 感光度200 | 焦距92mm | 快门速度1/80s

拍摄要点：①抓拍孩子亲近向日葵的有趣瞬间；②孩子闭上眼睛的神情，更适合表达感受自然芬芳的画面意境；③自然弯曲的双臂，构成了三角形构图，画面整体更稳定。

光圈F2.8 | 感光度200 | 焦距85mm | 快门速度1/200s

拍摄要点：①孩子手持刷子认真扫车的表情动作，让画面趣味横生；②手臂弯曲形成的三角形构图以及纵向三分法构图的运用，让画面的构图效果生动而不呆板。

6.5 如何拍好儿童合影

我们经常会给孩子们拍摄合影，那么如何才能拍出生动而有趣的合影照片呢?

1. 什么时间段比较好

拍摄合影的时间并没有固定要求，晴天、阴天都可以拍摄，当然选择天气晴朗、光线照射强度不高的时段拍摄会更好。

2. 如何选择场景和道具

拍摄合影的场景既可以选择在室内拍摄，也可以选择在室外拍摄。在室内拍摄时，可以精心布置一处小场景，例如在孩子的卧房内，最好是在靠近窗户的位置拍摄，这样光线照射效果会更理想。

光圈F2.8 | 感光度200 | 焦距80mm | 快门速度1/80s

拍摄要点：①精心布置孩子出海探险的场景，无论是孩子的服装还是道具都非常符合画面主题，值得一提的是，利用箱子作为船体的构思非常有创意；②孩子们目光一致的视线朝向，有效地延伸了画面的空间感。

在室外拍摄时，可以选择的场景有很多，例如草地、海边、户外游乐场等。

道具服装的选择一定要兼顾场景，避免出现不和谐元素，例如在海边拍摄时，就选择挖沙工具、游泳圈及泳衣等，而不要穿着衬衫，拿着书本拍摄。

拍摄要点：①复古的服装、手提箱与老旧的火车搭配得十分和谐；②使用大光圈虚化时，保留近景的部分车厢，可以强化画面的空间感；③尽量保证孩子们位于同一水平面，避免受景深的影响而导致两个孩子的清晰度不一致。

光圈F3.2
感光度100
焦距135mm
快门速度1/400s

3. 设置曝光模式为手动模式或者光圈优先模式拍摄

室内拍摄时，选择手动曝光模式拍摄；室外拍摄时，选择光圈优先模式拍摄。

4. 设置曝光三要素：光圈、快门速度和感光度

在环境光线较好的情况下，我们会使用大光圈+低感光度的曝光组合，如果需要保证清晰的景深效果，那么可以适当地缩小一点光圈，例如使用F4左右的光圈值。在阴天或弱光环境下，要查看快门速度是否在安全快门以上；如果低于安全快门，就需要通过提高感光度来提高快门速度。

拍摄要点：①趴在草地上，使用大光圈贴近草皮拍摄，可以拍出前景虚化的梦幻效果；②由于现场光线较强，不适合顺光或逆光拍摄，因此选择侧光角度拍摄，更容易塑造人物的光影立体感；③孩子们竖起拇指时，应避免手指遮挡脸部，同时要捕捉孩子们表情一致的瞬间抓拍。

光圈F2.8
感光度250
焦距142mm
快门速度1/1000s

5. 完成测光和对焦

测光和对焦的方法可以参照前面讲到的室内和室外儿童照的拍摄方法。

6. 如何让照片更有趣

想要拍出合影照片的趣味，可以有很多方法，例如下图中利用孩子们喜爱藏猫猫的天性、利用添加相框的方式以及仰拍围成一圈的孩子等。

拍摄要点：①将树干放在画面中心，孩子一左一右形成了平衡的对称效果；②捕捉孩子藏猫猫的可爱表情，让照片充满趣味。

光圈F3.2
感光度100
焦距135mm
快门速度1/400s

拍摄要点：找一块小纸板，裁出镂空效果，然后用这个小纸板框取孩子拍摄，就能拍出令人耳目一新的创意效果。

光圈F5.6
感光度100
焦距35mm
快门速度1/250s

拍摄要点：①躺在地上仰拍孩子们围成一圈的快乐瞬间；②拍摄时，要使用点测光对准孩子的脸部测光，优先保证孩子的脸部曝光准确，而天空过曝并不要紧。

光圈F2.8
感光度400
焦距34mm
快门速度1/800s

6.6 思考与练习

- 布置家中的一角，拍摄孩子看书或玩玩具的场景
- 在游乐园中拍摄孩子的开心一刻
- 在海边拍摄孩子快乐戏水的场景
- 拍摄孩子在幼儿园依依不舍的瞬间

第7章 风光摄影

7.1 掌握风光摄影的8个基本要点

我们常说拍摄风光要“靠天吃饭”，好的风光照片大多集合了令人印象深刻的光影和绚丽的色彩。要获得好的光影和色彩效果，我们还需要掌握必备的拍摄技巧。

1. 选择早晚黄金时刻

清晨日出和傍晚日落时分是拍摄风光的黄金时刻，这一时段往往有较小的明暗反差、丰富的明暗影调过渡；如果赶上迷人的霞光，那么一定能拍出绚丽的风光大片。

光圈F16 | 感光度50 | 焦距17mm | 快门速度3.2s

2. 强调空间感

照片具备了空间感才会看起来更加立体生动。实现空间感的方法有很多，接下来要讲的是利用明暗对比或者添加前景的方式来营造空间感。

当明暗同时呈现在一张照片中时，我们会明显地感觉到明亮的区域会向前进，而暗淡的区域会往回退，这样就形成了视觉上的前后空间感。

光圈F8
感光度200
焦距85mm
快门速度15s

添加前景是最容易加强画面空间感的方法之一，下图中通过增加岸边的树木作为前景，有效地丰富了画面的结构，使画面的空间感得到加强。

光圈F11 | 感光度200 | 焦距50mm | 快门速度1/80s

3. 加入视觉引导线

画面中的引导线既可以起到延伸画面空间感的作用，同时还可以起到牵引观看者视线的作用。常见的引导线有弯曲的小路、延伸的桥梁或岸边栏杆，以及流淌的汽车灯轨（前文我们讲到的汇聚线构图就是加入引导线的典型应用）。

光圈F5.6
感光度500
焦距200mm
快门速度1/80s

河岸的栏杆起到了视觉引导线的作用 光圈F4 | 感光度500 | 焦距120mm | 快门速度1/3200s

4. 用好超焦距

在前面的章节，我们学习了超焦距的概念，要想获得最大范围的景深清晰效果，就要学会使用超焦距对焦，在要清晰纳入前景的拍摄场景中这一点尤其重要。

光圈F13
感光度200
焦距21mm
快门速度1/10s

5. 避免死黑死白

对拍摄时机的选择非常重要，下图由于拍摄的时间太晚，没有选择天空刚暗下来的梦幻蓝时刻拍摄，结果拍出的天空漆黑一片，缺少细节，美感不足。

光圈F5.6
感光度250
焦距28mm
快门速度1.6s

在碰到明暗光比较大的场景时，尽量选择画面中明暗适中的位置测光（例图中对准天空与远山交界的较亮区域测光）来避免天空过曝，如果仍然无法解决过曝问题；就需要使用包围曝光（详见7.10节）。

光圈F13
感光度100
焦距40mm
快门速度1/50s

光圈F13 | 感光度100 | 焦距40mm | 快门速度1/50s

6. 风光不是只能用广角镜头拍摄

光圈F16
感光度100
焦距19mm
快门速度70s

一提起风光摄影，很多摄影者都会第一时间想到使用广角镜头拍摄，例如下图就是借助广角镜头大而广的特性，来表现壮丽的海岸风光。

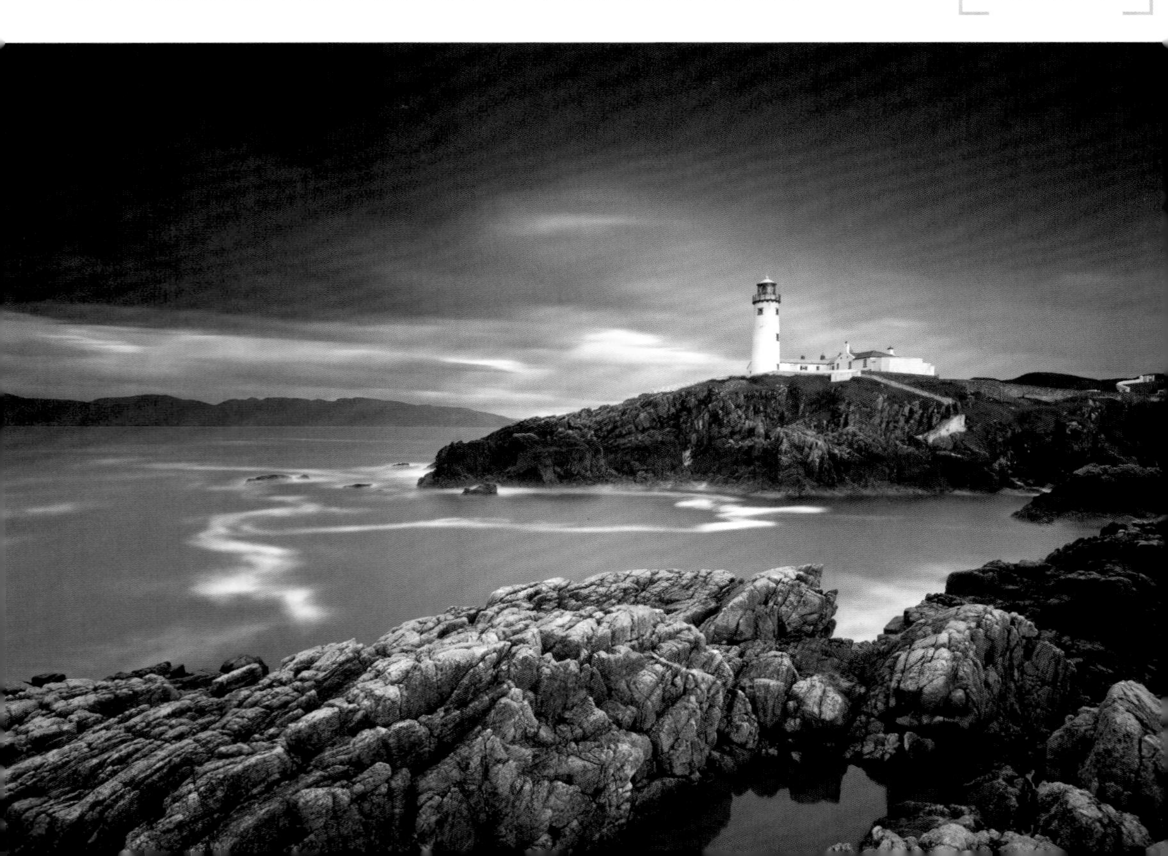

事实上，拍摄风光并不仅限于使用广角镜头，例如我们还可以像下图这样使用中焦镜头来缩小景别，拍摄一些局部而紧凑的画面效果。

光圈F18 | 感光度100 | 焦距70mm | 快门速度10s

在拍摄大场景的风光照片时，为了让画面更加紧凑、主体更加突出，往往需要借助长焦距镜头，压缩空间。

光圈F6.3 | 感光度200 | 焦距120mm | 快门速度1/200s

7. 慢门让风光照片更有动势

为了让照片看起来更具动感，使用慢门拍摄是非常不错的选择，例如我们可以借助慢门拍摄出雾化效果的流水及流动的飞云效果等。

光圈F9
感光度100
焦距29mm
快门速度0.3s

光圈F11 | 感光度100 | 焦距19mm | 快门速度20s

8. 大胆引入人物

为了让风光照片看起来更有内涵和想象力，我们可以大胆地尝试将人物添加到画面中去，这样通过人与自然的大小对比，更容易凸显自然风光的宽广、壮丽。

光圈F8
感光度64
焦距14mm
快门速度1/15s

7.2 如何拍好慢门流水

使用不同的快门速度可以表现出不同的画面效果，例如1/10s的快门速度可以拍摄出海浪拉丝的效果，30s的快门速度可以拍摄出雾化的絮状流水效果，100s的快门速度可以拍摄出波澜不惊的镜面效果。

扫码看视频

1. 拉丝效果

①时间段选择。日出日落以及阴天是拍摄流水拉丝效果的最佳时间段。

②场景选择。可以选择的场景包括海边、瀑布以及溪流等。

③设置曝光模式为光圈优先或手动模式。

④设置曝光三要素。想要拍摄出海浪的拉丝效果，快门速度需要控制为1/10~2s。为了获得较慢的快门速度，我们需要使用小光圈+低感光度的曝光组合，然后查看准确曝光的快门速度是否在这个区间内，如果高于这个区间速度，我们就需要继续缩小光圈或降低感光度数值，来降低快门速度。如果光圈大小和感光度数值已经设置为最小，而快门速度仍然高于这个区间速度的话，我们就需要使用ND减光镜来降低快门速度（关于减光镜的使用方法，请参见5.11小节）。另外需要注意一点，将礁石、树枝等前景纳入画面中，可以对海浪起到一定的阻挡作用，从而让拉丝的效果更加明显。

⑤测光和对焦。通常使用区域平均测光对准海面测光就可以获得准确的曝光效果。如果是逆光拍摄，那么就使用点测光，选择明暗亮度适中的区域测光，例如下图中对准天空较亮的云层测光。对焦可以运用超焦距，或者可以大约对准画面近1/3处对焦。

光圈F16 | 感光度100 | 焦距18mm | 快门速度2s

⑥构图。构图可以运用上图的汇聚线+三分法构图，也可以运用下图这样的曲线构图。另外，要强调的一点是增加前景礁石的重要性，它可以与远景形成呼应，有效地增强照片的空间立体感。

光圈F16
感光度100
焦距16mm
快门速度1s

2. 雾化效果

拍摄瀑布流水时，要根据水流的速度不断调整快门速度。如果水的流速快，那么快门速度可以快一些，通常2s左右就可以拍出流水的絮状效果；如果水的流速慢，那么快门速度就要慢一些，通常需要在5s以上。

光圈F11 | 感光度100 | 焦距16mm | 快门速度1.3s

3. 镜面效果

拍摄海浪时，可以使用更慢的快门速度拍摄出流水的镜面效果，这时的快门速度通常为几十秒甚至上百秒，要想实现这么长时间的曝光，就需要使用B门拍摄，并借助ND1000减光镜来完成拍摄。

光圈F8 | 感光度100 | 焦距19mm | 快门速度111s

下面我们以佳能80D相机为例，来介绍B门的使用方法。

01 先将曝光模式设置为“B”。按“MENU”菜单按钮，使用多功能控制钮移动光标，在设置菜单中选择“B门定时器”选项。

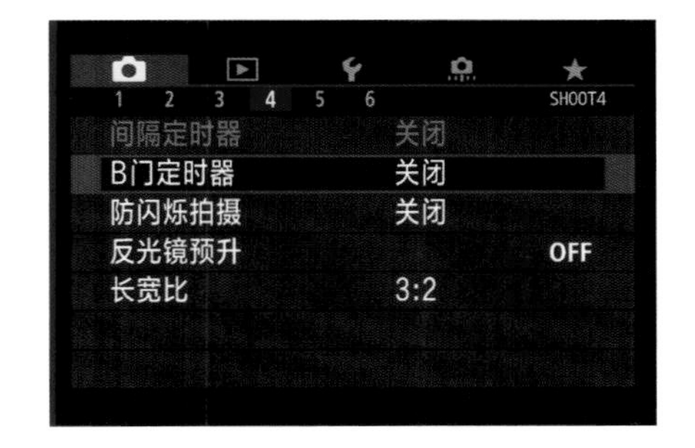

02 进入“B门定时器”屏幕，选择“启用”按钮，按“INFO.”按钮进入“调节曝光时间”屏幕设置时间。

03 在“调节曝光时间”选项下设定时间数值，设置完成后按“确定”按钮，完成B门曝光的曝光时间的预设。

以上设置完成后，按下快门并松开手（不需要长按快门），相机将开始曝光，当曝光时间达到设定的时间后，相机自动结束拍摄。

7.3 如何拍好银装素裹的冰雪世界

要想拍好银装素裹的雪景，需要注意以下几点：①用好曝光补偿，获得准确曝光；②用好快门速度，获得雪花或雪丝的效果；③用好白平衡，真实还原雪的白色或者冷色调的画面氛围。

①设置曝光模式为光圈优先或手动模式。

②设置曝光三要素。拍摄雪景时，要优先考虑快门速度，使用不同的快门速度会表现出不同的雪花效果，例如使用较快的快门速度可以凝固雪花，而使用较慢的快门速度会拍出雪丝的动感效果。要想实现较快的快门速度，同时获得浅景深，就使用大光圈+低感光度的曝光组合，快门速度达不到要求时，可适当提高一下感光度；要想实现较快的快门速度，同时获得大景深，就使用小光圈+高感光度的曝光组合；要想实现较慢的快门速度，就使用小光圈+低感光度的曝光组合。

光圈F3.2
感光度100
焦距200mm
快门速度1/250s
曝光补偿+0.3EV

用较快的快门速度将雪花“凝固”

光圈F11
感光度100
焦距200mm
快门速度1/15s
曝光补偿+0.3EV

用较慢的快门速度表现雪花飘洒

③测光和对焦。设置测光模式为区域平均测光，如果取景中包含大面积的雪地，不要忘记增加0.5EV~1EV的曝光补偿，以保证准确的曝光效果。当画面中没有明显的主体时，就运用超焦距原理对焦或者对准画面的近1/3处对焦；当画面中有明显的主体时，就对准主体对焦，例如右图中设置对焦模式为连续自动对焦+多个对焦点自动选择自动对焦模式，对准穿蓝色衣服的骑马人连续追踪对焦。

光圈F8 | 感光度200 | 焦距70mm | 快门速度1/250s | 曝光补偿+1EV

④白平衡。大多数情况下，设置白平衡为自动白平衡，就可以准确还原白雪的颜色。有的时候，我们想要强调画面的冷蓝氛围，这时可以设置白平衡为阴天白平衡，这样拍出的雪的颜色就会偏冷。

使用自动白平衡准确还原雪的白色

光圈F11
感光度100
焦距70mm
快门速度1/15s
曝光补偿+0.3EV

⑤构图。拍摄雪景的构图方法有很多，例如本页中我们用到的斜线构图和纵向三分法构图，以及接下来要介绍的框架构图、曲线构图和明暗对比构图等。

使用阴天白平衡拍出的白雪偏冷色

巧妙地借助楼梯间的大窗户，构思出画框中的雪景效果，给人耳目一新的视觉美感。

光圈F4
感光度640
焦距62mm
快门速度1/30s

利用曲线延伸了画面的空间感，利用雪地的阴影与阳光形成明暗对比的光影立体感。

光圈F9 | 感光度125 | 焦距24mm | 快门速度1/50s

7.4 如何拍好霞光万丈的日出日落

日出日落时分是拍摄风光的最佳时刻，如果赶上朝霞或晚霞，无疑会给风光照片锦上添花，那么该如何把握这一时段的拍摄，呈现动人的绚丽之美呢？

①设置曝光模式为光圈优先模式。设置光圈优先的目的是为了通过调整光圈的大小来更好地控制照片的景深效果。

②设置曝光三要素。设置小光圈+低感光度的曝光组合，以获得更大的景深效果和细腻的画质。由于晨光、暮色的光线相对较弱，如果使用小光圈+低感光度的曝光组合，就会导致快门速度很慢，无法手持拍摄，因此拍摄时必须借助三脚架来稳定相机。

③测光和对焦。逆光拍摄时，设置测光模式为点测光，然后对准画面中亮度适中的位置（云层中较亮的位置）测光，并进行曝光锁定。对焦时，运用超焦距原理对焦或者大致对焦在画面的近1/3处皆可。

④构图。拍摄风光时，最常用到的构图法是横向三分法，例如下图将地平线安排在画面上方1/3处。

光圈F22 | 感光度100 | 焦距28mm | 快门速度1/8s

光圈F10
感光度100
焦距16mm
快门速度6s

除了运用基本的构图法则以外，我们还可以通过其他方法来丰富构图效果。例如左图通过增加有质感的前景来强化画面的空间纵深效果；下图通过土堆对太阳的部分遮挡，实现了星芒闪耀的效果。注意：拍出星芒的前提是使用小光圈拍摄。

光圈F16
感光度50
焦距50mm
快门速度1/4s

7.5 如何拍好漂亮的风光剪影

和人像照片的剪影拍摄方法一样，想要拍出好的风光剪影照片，一要学会正确的曝光，二要把握好剪影的形态。

①时间段选择。暖暖的落日时分是最适合拍摄剪影的时间段，当然有些明暗光比很大的场景也适合表现剪影效果，例如下图中处于阴影中的驼队与阳光照耀下的山丘之间的明暗对比。

②场景选择。选择开阔的场景，例如海边、草原或者沙漠等。

③设置曝光模式为快门优先模式。设置小光圈+低感光度的曝光组合，此时如果快门速度过低，就需要通过提高感光度来提高快门速度或者借助三脚架拍摄。

④测光和对焦。设置点测光，对准画面中较亮的位置，例如太阳的边缘位置测光，然后锁定曝光。使用单点单次对焦，对准画面中要表现的主体剪影对焦即可。

光圈F4
感光度100
焦距155mm
快门速度1/3200s

⑤构图。构图时要本着尽量简化画面的原则，使作为主体的剪影更加突出，例如下图大面积留白天空，就使一棵树的剪影效果格外突出。

光圈F5 | 感光度100 | 焦距150mm | 快门速度1/640s

除了要遵循简化画面的基本构图思路以外，有时我们还要大胆地尝试增加画面元素，来丰富画面意境。例如拍摄下图时，本来是表现夕阳下的芦苇，这时远处飞来一群鸟，于是就果断地将飞鸟纳入画面中，使画面的意境得到了美化和加强。

光圈F5 | 感光度1000 | 焦距340mm | 快门速度1/125s

7.6 如何拍好万家灯火的城市夜景

华灯初上时，美丽的都市瞬间变得五彩斑斓，如何才能拍出靓丽的城市夜景大片呢？

①时间段选择。拍摄城市夜景的最佳时机是太阳落山、灯光刚刚亮起，天空中还泛着蓝光的时段。这一时段的明暗光比小，曝光难度低；另外，暖色的灯光与冷色的天空可以形成冷暖的对比效果，使画面更有视觉美感。

②场景选择。尽量选择高楼、山顶等视野开阔、可以一览城市全貌的位置拍摄。

③设置曝光模式为快门优先或手动模式。

④设置曝光三要素。设置小光圈+低感光度+慢速快门的曝光组合，小光圈既可以获得更大的景深效果，又可以获得闪耀的星芒效果；低感光度可以获得更细腻的画质；而慢速快门可以拉长运动轨迹，拍出道路上行进车辆的灯轨效果。在使用慢速快门拍摄时，一定要使用三脚架。

光圈F10
感光度160
焦距61mm
快门速度10s

⑤测光和对焦。设置测光模式为点测光，对准较亮的位置测光，并锁定曝光。对焦时使用单点单次自动对焦，半按快门，对准画面中的亮光区域对焦（因为暗的区域不好对焦）；然后保持半按快门，重新移动相机，进行构图；按下快门，完成拍摄。

⑥构图。拍摄城市夜景的构图方法有很多种，例如借助倒影拍摄上下对称的效果，借助山体、海岸线、公路等曲线线条与垂直的高楼大厦形成曲直对比，利用公路制造斜线构图的效果，以及截取局部的充满式构图等。

利用倒影的上下对称式构图　光圈F11 | 感光度100 | 焦距24mm | 快门速度10s

借助山体的弧线效果与垂直的高楼大厦形成曲直对比　光圈F11 | 感光度100 | 焦距36mm | 快门速度2s

拍摄城市夜景时，纵横城市高楼间的公路、大桥是构图取景时不可忽略的重要元素。例如下面两幅照片都以公路或大桥为主轴，利用它们延伸画面空间，并以斜线的形式来构图，有效增加了画面的动感效果。

光圈F8 | 感光度100 | 焦距16mm | 快门速度4s

光圈F18 | 感光度100 | 焦距97mm | 快门速度15s

在截取局部进行充满式构图时，我们同样可以借助道路为轴进行有效构图。例如右图斜穿画面的道路将画面一分为二，它既使画面具备了动感效果，也使画面形成了很好的对称美感。

光圈F13
感光度200
焦距118mm
快门速度25s

而拍摄下图时，除了色彩斑斓的帐篷吸引我们的眼球外，有意倾斜的角度也让画面有了动感的旋律美。

光圈F8 | 感光度50 | 焦距105mm | 快门速度1.6s

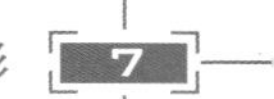

7.7 如何拍好流淌的光轨

扫码看视频

光轨是运用慢速快门记录移动中的发光物体所形成的运动轨迹，常见的移动发光物体有行进中的车辆、船只、手持光绘以及烟花等。

1. 车辆船只形成的光轨

①时间段的选择。拍摄灯轨的最佳时机与拍摄城市夜景的时机是相同的，也是以选择太阳落山、灯光刚刚亮起，天空中还泛着蓝光的时段为宜。

对比上下两幅照片不难看出，上图泛着蓝光的照片看起来色彩、明暗层次更丰富，而拍摄时机稍晚的下图，色彩较为单一，暗部细节也有所欠缺。

光圈F13 | 感光度200 | 焦距16mm | 快门速度30s

②场景的选择。选择从高处俯瞰街道或者置身于街道旁近距离拍摄都是非常不错的选择。为了获得连贯、美观的灯轨效果，需要选择在车流量密集的路口拍摄。

光圈F10
感光度100
焦距52mm
快门速度10s

③设置曝光模式为光圈优先或手动模式。

④设置曝光三要素。设置小光圈+低感光度的曝光组合，来实现较慢的快门速度。小光圈既可以保证更大的景深清晰范围，又可以带来光芒四射的星芒效果；而低感光度会带来更为细腻的画质效果。

不同的快门速度会呈现不同的画面效果，通常要想获得连续的灯轨效果，需要将快门速度控制在15~30s。

光圈F13 | 感光度100 | 焦距18mm | 快门速度30s

如果快门速度不够慢（曝光时间短），就会导致拍摄到的灯轨效果不连贯，缺少视觉冲击力。以下图为例，拍摄时使用了2s的快门速度，结果只拍出了很短的灯轨效果。那么如何来延长曝光时间，使灯轨看起来更加连贯呢？查看曝光参数，当前使用的光圈大小为F8，我们知道缩小光圈可以延长快门速度，因此如果我们将光圈大小从F8缩小至F22（缩小3挡），那么为了保持当前的曝光效果，快门速度会相应地慢3挡，从2s增加到16s，这样我们就可以拍到完整、连续的灯轨效果了。

光圈F8 | 感光度100 | 焦距45mm | 快门速度2s

当然，快门速度快一些在有些情况下也是有应用场景的。例如拍摄下图时，使用2.5s的快门速度，有效地捕捉到双层巴士的动感车影，使照片看起来同样富有视觉冲击效果。

光圈F11 | 感光度200 | 焦距28mm | 快门速度2.5s

⑤测光和对焦。设置测光模式为点测光、对焦模式为单点单次对焦，对准画面中较亮区域测光对焦。

⑥构图。构图主要围绕灯轨的曲线与垂直建筑之间的曲直对比来构思，另外还有冷暖色对比和动静对比。

2. 光绘

扫码看视频

光绘需要手持发光体，使用较长的曝光时间来记录光源的轨迹。

①时间段选择。选择较暗的环境拍摄，这样才能延长曝光时间来记录光轨。

②场景选择。可以选择视野开阔的海边、大桥或者古镇等场地。

③器材准备。准备会发光的东西，比如手电筒、荧光棒或手机等。另外，长时间曝光还需要准备三脚架和快门线。

④设置曝光模式为手动模式。

⑤设置曝光三要素。设置快门速度为20s，通常记录光轨的快门速度可以设为15~30s，感光度为ISO 200~ISO 400，光圈可以从F8设起，只要保证背景不过曝就可以。

光圈F8 | 感光度400 | 焦距36mm | 快门速度20s

⑥对焦。在漆黑的环境中，相机很难对焦，这时可以使用手电筒先照亮拍摄主体，然后半按快门对焦后锁定对焦，然后关掉手电筒。

⑦光绘技巧。如果想光绘文字，那么一定要知道光绘摄影出来的效果跟实际方向是相反的。为了保证将应该有线条的地方拍摄清楚，在光绘的时候，光源一定要正对着相机镜头，否则相机可能会记录不到光线的走向而导致拍出的光轨线条不连贯。

光圈F8 | 感光度200 | 焦距27mm | 快门速度30s

⑧构图。在构图思路上重点把握两点：第一，预留出足够的画面空间，避免画面拥堵；第二，发散思维，根据一些有创意、有趣的图案绘制光绘。

3. 烟花

拍摄烟花的过程，就是记录烟花从升起到绽放的光轨迹的过程。

①时间段选择。尽量选择魅力蓝时刻拍摄。

光圈F8 | 感光度100 | 焦距56mm | 快门速度10s

②器材准备。拍摄烟花需要准备三脚架和快门线。

③先设置曝光模式为光圈优先模式，测光后切换至手动模式。

④设置曝光三要素。拍摄烟花需要记录烟花从升起到绽放的整个过程，记录这一过程通常需要10s以上的曝光时间，而要实现这样的慢速快门，就需要我们设置小光圈+低感光度的曝光组合。例如我们可以使用光圈优先模式，设置光圈大小为F8，感光度为ISO 100，并使用点测光对准较亮的区域测光，然后查看快门速度是否在10s以上；如果快门速度快，那么就缩小光圈值，来降低快门速度，例如将光圈值降低到F11或者F16。然后记住上述参数，将相机调整为手动曝光模式。

⑤对焦。使用单点单次自动对焦，对准较亮区域对焦。

⑥拍摄技巧。拍摄烟花最重要的是把握按下快门的时机。理论上来说，要在烟花刚刚开始腾空而起的瞬间就按下快门，然后等到烟花完全绽放时释放快门。但我们在按下快门后，并无法手动释放快门，因此我们才将快门速度设置在10s以上，这样这个时间就足够记录单个烟花的绽放过程了。如果要记录多个烟花绽放的过程，那么可以适当缩小光圈值，让快门速度再慢下来，例如慢至20s。

光圈F11
感光度100
焦距18mm
快门速度20s

⑦构图。预留足够的画面空间可以充分呈现烟花，这就需要我们放低水平线，留出更多天空。另外，大胆地加入人物可以摆脱单纯记录风光的单调感，使画面更有可看性。

光圈F11
感光度100
焦距24mm
快门速度20s

7.8 如何拍好璀璨星空

面对繁星闪耀的天空，如何才能记录下这令人震撼的美丽天象呢？通常拍摄星空有两种表现方式：一种是拍摄斗转星移的星轨，另一种是拍摄群星璀璨的银河拱桥。

1. 斗转星移的星轨

①时间段选择。除了农历每月十五月亮最亮的时期，其他时间都适合拍摄星空题材，因为如果月光很强，星星的光芒就会很微弱，拍摄效果不理想。

②场景选择。远离城市，选择光污染较少的野外拍摄。当然，还要尽量选择晴朗少云的天气。

③器材准备。拍摄星空需要准备光感较好的相机（例如佳能相机的5D Ⅲ）和具备大光圈的广角镜头。当然普通的佳能80D配合18~55mm镜头也可以拍摄，但画质和视野效果会差些。头灯或手电筒也是必需的，它们既可以起到协助设置参数和保证行走安全的作用，又可以在暗部难以对焦的情况下，用来辅助对焦。另外，长时间曝光还需要准备三脚架和快门线。

④寻找北极星。由于在北半球星体都围绕北极星旋转（在南半球则围绕南十字星移动），因此我们首先需要寻找北极星的位置。为了更快速地找到北极星，可以先找到容易辨认的勺子状的北斗七星，然后将勺口连成一线，并向前延长5倍，基本就能找到北极星。

⑤设置曝光模式为手动模式。在漆黑的野外拍摄星空时，相机的测光系统将不起作用，无法进行准确测光，因此不能使用光圈优先或快门优先模式，而要使用手动曝光模式。

⑥设置曝光三要素。连接好快门线，将相机设置为B门，星轨的拍摄时间通常需要十几分钟以上，才能有效记录下星星运动的轨迹。为了实现这样的长时间曝光，感光度数值通常设置为ISO 100~ISO 400，光圈大小设置为F4~F8。

单张长曝光的星轨效果

光圈F4
感光度200
焦距18mm
快门速度299s

如果我们想在城市中拍摄星轨效果，那么可以通过拍摄多张照片进行叠加的方式来实现。例如拍摄下图时，拍摄的思路是在保证建筑物不过曝的情况下（使用点测光对准建筑物较亮的位置测光拍摄，快门速度控制在30s以内），在同一机位连续拍摄上百张照片，然后通过Photoshop软件将这些照片叠加，这样就可以将单张照片上的星点连成不间断的线，实现星轨的拍摄效果。

多张叠加的星轨效果　光圈F11 | 感光度50 | 焦距80mm | 快门速度30s

⑦对焦。设置手动对焦模式MF，对准星空，旋转对焦环，将对焦点调节至无穷远即可完成对焦。如果有明显的地面景物，例如前一页照片中的树木，就需要对准树木对焦。在光线较暗的情况下会不容易对焦，此时可以借助手电筒或头灯辅助照明，当对焦完成后，再关闭照明即可。

调整对焦模式为手动对焦

将对焦点调至无穷远

⑧构图。拍摄一幅好的星轨作品，关键在于地景的选择，当然还要保证大面积的天空留白，才能充分表现出星轨的震撼效果。

2. 群星璀璨的银河

①时间段选择。要想拍到银河，除了满足天气好，尽量避开农历每月十五以及远离城市光污染等条件外，还要注意季节和时间段。拍摄银河的最佳时间在每年的5~8月（北半球），一般要在23点至次日凌晨3点拍摄。

扫码看视频

②寻找银河。由于银河通常会在天空中的东边、东南边和南边出现，因此到达拍摄地后，朝这几个方向寻找光带，就能找到银河。

③设置曝光模式为手动模式。

④设置曝光三要素。设置曝光时间为25~30s，如果曝光时间超过30s，就容易将星星拍出拖尾的星轨效果（为了避免拍出星星拖尾效果，可以运用600法则进行计算，即使用600除以当前使用的镜头焦距，得数就是不能超过的快门速度）。为了保证在30s的曝光时间内获得理想的曝光效果，就需要设置高感光度和大光圈拍摄。通常感光度从ISO 1600开始设置，再根据曝光效果逐级增加；光圈可以使用当前镜头的最大光圈，例如F2.8。

光圈F2.8
感光度1600
焦距14mm
快门速度20s

⑤用好白平衡改变星空色彩。通过手动改变白平衡的色温值可以实现不同色彩效果。色温的数值越小，例如3000K（白炽灯白平衡），星空的颜色就会越蓝；色温的数值越大，例如5200K（日光白平衡），星空的颜色就越偏暖色。

色温3000K拍摄到的星空　光圈F2.8 | 感光度6400 | 焦距14mm | 快门速度30s

色温5200K拍摄到的星空　光圈F2.8 | 感光度6400 | 焦距14mm | 快门速度30s

7.9 如何拍好街头小景

扫码看视频

拍摄城市风光时，除了可以用大的视野角度去记录高楼林立的场景外，我们还可以走进城市的街头，从微观的角度去寻找一些小景来重点刻画。

这里对曝光、对焦等相机设置的步骤不再重复，而主要讲解一些场景的拍摄思路。

①用好弧线。拍摄街头小景时，要重点关注可以运用的弧线，弯曲的线条很容易和垂直的建筑形成曲直对比，并带来一定的动感效果。例如呈弧线状的立交桥、U形街道路口以及弯曲的楼梯等。

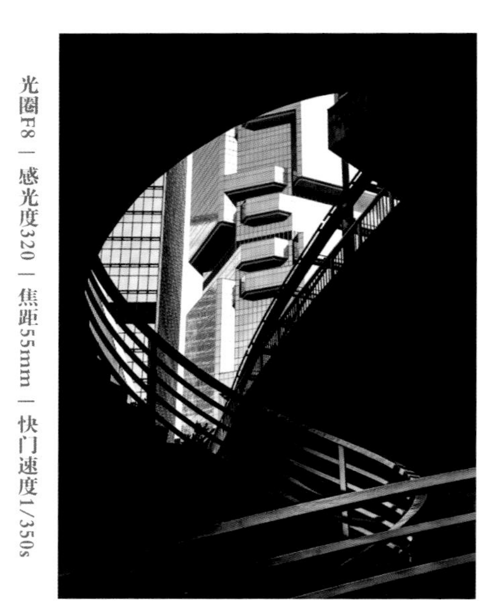
光圈F8 | 感光度320 | 焦距55mm | 快门速度1/350s

光圈F16 | 感光度100 | 焦距16mm | 快门速度13s

光圈F10 | 感光度100 | 焦距32mm | 快门速度10s

②用好光影。充分利用光影，可以使平淡的场景变得耐人寻味。

光圈F11
感光度320
焦距70mm
快门速度1/160s

③用好动静对比。充分运用慢速快门表现静止雕塑与流动云层的动静对比，可以拍摄出令人印象深刻的照片效果。

光圈F16 | 感光度100 | 焦距16mm | 快门速度60s

7.10 使用包围曝光解决大光比

逆光拍摄风景时，如果光比很大，相机就无法完全记录从暗到亮的所有细节，很容易出现欠曝或过曝的情况，例如对准亮部测光会出现暗部欠曝，对准暗部测光会出现亮部过曝。针对这种曝光问题，我们可以通过包围曝光的方式来解决。

包围曝光的思路是拍摄多张照片，例如分别拍摄一张欠曝（高光细节得到保留）、一张正常（明暗细节均有保留）和一张过曝（暗部细节得到充分还原）的照片，然后将3张照片合成，这样就会得到一张高光和暗部细节都丰富的照片。

①包围曝光设置。包围曝光是指在光圈优先或快门优先模式下，通过自动更改快门速度或光圈大小，在±3EV曝光补偿范围内拍摄3张不同曝光量的照片，然后进行曝光合成。以佳能相机为例，具体设置方法如下。

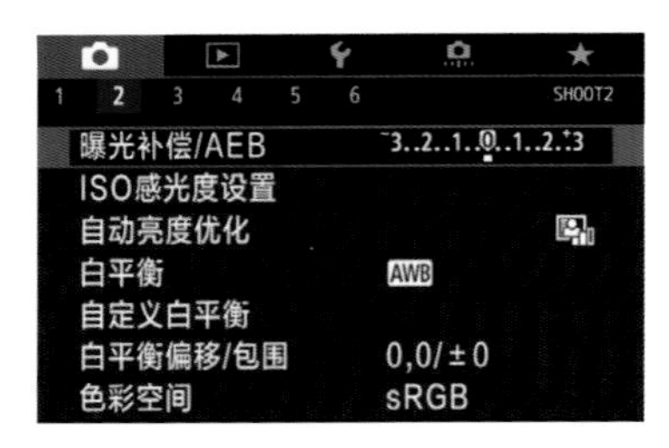

01 在拍摄菜单界面中选择“曝光补偿/AEB”选项，然后按SET按钮。

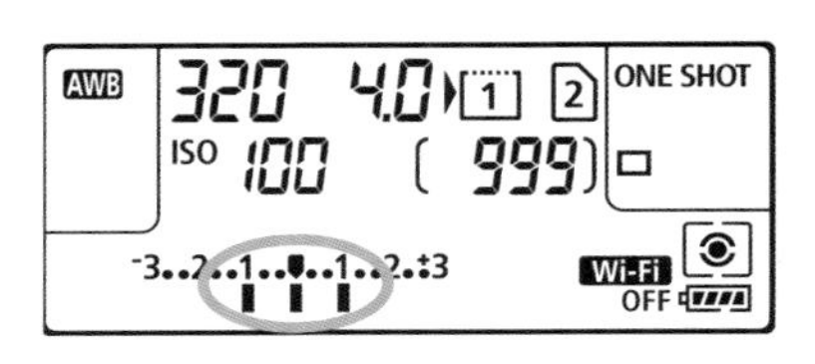

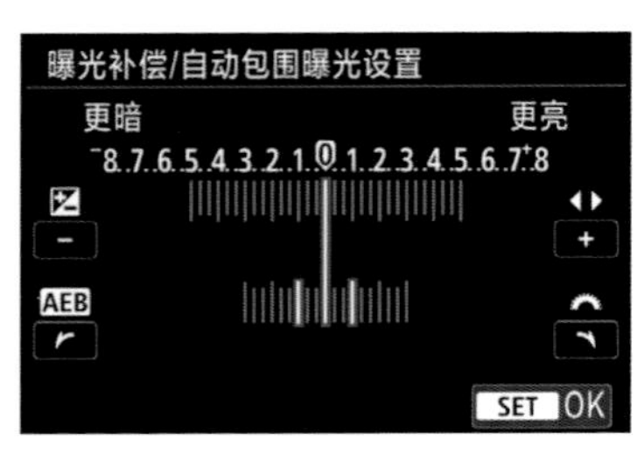

02 转动主拨盘设定自动包围曝光范围，转动速控拨轮可以设置曝光补偿量，然后按SET按钮确定。自动包围曝光不会自动取消，要取消的话，需要返回菜单界面取消。

03 查看液晶显示屏，可以看到自动包围曝光的范围，如图所示，当前的自动包围曝光范围为±1EV之间。

②使用三脚架固定相机并测光。使用三脚架固定相机的目的是保持机位不发生变化，使用点测光对准亮度适中的蓝色天空测光。

③开始拍摄。设置完成后，连续按3次快门，相机就会按照标准曝光量、减少曝光量和增加曝光量的顺序，拍摄3张照片。当相机设置为连拍模式时，相机就会连续拍摄3张照片，然后自动停止拍摄。

首次按下快门拍摄，获得一张标准曝光量的照片。

标准曝光量

光圈F8 | 感光度100 | 焦距21mm | 快门速度1/320s

再次按下快门拍摄，获得一张比标准曝光量减少一挡曝光量的照片。

减少一挡曝光量

光圈F8 | 感光度100 | 焦距21mm | 快门速度1/640s

第三次按下快门，得到一张比标准曝光量增加一挡曝光量的照片。

增加一挡曝光量

光圈F8 | 感光度100 | 焦距21mm | 快门速度1/160s

自动包围曝光合成后的效果

7.11 如何拍好全景照片

全景照片往往给人恢宏大气的视觉冲击力，要想拍好全景照片，并非只是简单地使用广角镜头拍摄就可以实现的，特别在拍摄城市建筑时，使用广角镜头容易出现建筑物东倒西歪的畸变问题，这时候我们就可以使用全景拼接来拍摄。

拍摄全景照片需要把握以下几个关键技法。

①尽量使用50mm左右的标准镜头拍摄，这样可以最大限度地减少照片畸变。

②使用三脚架拍摄，调整好云台，保证相机可以保持水平地左右旋转。

③每张照片的曝光参数要一致，即曝光三要素的光圈、快门速度和感光度不能改变，因此在拍摄时最好将相机设置为手动模式M挡。

④使用自动对焦模式，半按快门完成对焦后，将对焦模式切换为手动对焦，这样可以保证每一张照片的景深范围都是一致的。

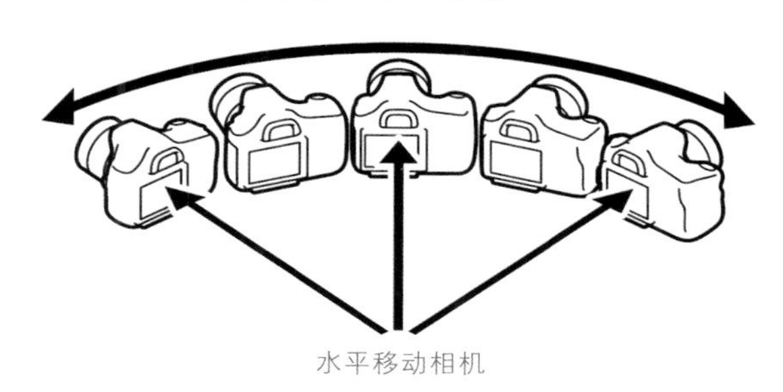

水平移动相机

⑤拍摄全景照片时，需要相邻照片之间有重叠区域，通常这个重叠区域要在25%左右才能保证较好的拼接效果。另外，重叠区域应避免分割画面中较为重要的元素。

⑥选择竖幅拍摄，可以获得更大的像素尺寸。

关于后期进行拼接的方法，我们会在接下来的章节中进行讲解。

7.12 思考与练习

- **练习使用不同的快门速度来表现雪花**
- **练习拍摄美丽的朝阳和晚霞**
- **练习拍摄剪影时，让主体呈现不同的姿态，使照片更生动**
- **观察身边的街道，练习捕捉趣味的小景**
- **寻找立交桥，练习从高处俯拍汽车灯轨**
- **练习拍摄全景下的山峦起伏**

第8章

人文摄影

8.1 掌握人文摄影的8个基本要点

人文摄影具备一定的事件记录功能，因此相比风光照片来说，具备更多的内容可读性。对于普通摄影爱好者来说，可以拍摄的人文题材有很多，例如旅游场景、风土人情、舞台表演、街头巷尾以及老手艺人等。

1. 稍纵即逝的抓拍时机

人文摄影更多侧重于对内容的表达，特别是遇到一些转瞬即逝的拍摄场景时，能拍到才是最重要的，而拍摄时的相机参数设置则是次要的。

光圈F4 | 感光度200 | 焦距115mm | 快门速度1/1000s

2. 恰到好处的慢速动感

动静对比的效果能强化画面中的视觉对比，让原本静态的画面显得生动起来。

要敢于尝试不同的快门速度，来丰富画面的表现力。例如右图就是使用较慢的快门速度来表现老街中的人影穿梭，蕴含着一种对时光流逝的岁月感慨。街道上行走的人群形成了动感拖影，街道、店铺以及驻足于店铺的人是静态的，两者形成动静对比。

光圈F22
感光度100
焦距28mm
快门速度2s

3. 捕捉人物情感

人物情感是最容易打动人心的，这也是拍好人文照片的一项重要的衡量标准。我们在记录人物喜怒哀乐的过程中，要捕捉那些能将人物情感表现得淋漓尽致的精彩瞬间。

光圈F2.8 | 感光度560 | 焦距130mm | 快门速度1/160s

4. 摆拍不是不可以

如果要追求照片的纪实性，那么不建议摆拍。如果是下图这样的旅游人文记录，为了使拍出的照片更有美感，那么适当的摆拍也无可厚非。

光圈F2.8
感光度400
焦距35mm
快门速度1/30s

5. 不要过分担心高感噪点

拍摄风光、人像照片时，我们一直建议尽量使用低感光度来保证画质。但在拍摄人文类照片时，能拍到才是最重要的，如果要等架好三脚架再去拍摄，机会已经没了，所以在人文摄影中感光度的设置没有那么严格。特别是在拍摄一些弱光下的题材时，使用高感光度拍摄往往是不可避免的。

光圈F2.8
感光度1000
焦距35mm
快门速度1/60s

6. 预先构图，等待画面元素的出现

看到漂亮的场景，可以预先进行构图，然后等待有趣味的元素出现，此时进入画面中的人或物会起到画龙点睛的作用。

光圈F8
感光度400
焦距50mm
快门速度1/200s

7. 尝试将相机设置为黑白模式拍摄

黑白影像可以让画面中的形状、细节和光影更分明地呈现出来，它更强调构图和情感的表达，是很多人喜欢的一种摄影类型。如果想拍摄黑白照片，在相机菜单的照片风格（“尼康”相机为优化校准）中选择黑白模式即可。

光圈F7.1
感光度800
焦距200mm
快门速度1/200s

8. 坚持拍摄某一题材

无论是选择拍摄街头、舞台、手工艺者还是旅行场景，最难能可贵的就是坚持拍摄某一固定题材，这样随着拍摄时间的沉淀，我们对某一题材的挖掘和解读才会足够深刻，拍出的照片才更容易打动人。

光圈F1.4 | 感光度640 | 焦距35mm | 快门速度1/80s

光圈F1.4 | 感光度320 | 焦距50mm | 快门速度1/100s

光圈F4 | 感光度200 | 焦距200mm | 快门速度1/125s

光圈F2.8 | 感光度100 | 焦距200mm | 快门速度1/400s

光圈F3.2 | 感光度200 | 焦距27mm | 快门速度1/40s

光圈F4 | 感光度800 | 焦距35mm | 快门速度1/60s

8.2 如何拍好台前幕后

拍好舞台照片有很多方法，例如我们可以选择拍摄台前或者幕后，可以使用高速快门凝固舞台瞬间，也可以使用慢速快门表现舞台动感等。下面我们来详细讲解其具体的拍摄方法。

①取景角度。舞台前方的观众席和舞台的侧后方是最常见的拍摄角度。

②器材准备。长焦距镜头是最常用到的镜头；如果可以近距离拍摄的话，那么35mm或者50mm的大光圈镜头比较合适。另外，三脚架和快门线也是必不可少的。

③设置曝光模式为光圈优先或快门优先模式。舞台光线处于不断变化中，因此不适合使用手动模式拍摄，通常使用光圈优先或快门优先模式拍摄。

④设置曝光三要素。舞台光线较暗，要想清晰定格主体人物，需要使用较快的快门速度，通常需要快于1/160s，因此大多数情况下，我们会使用光圈优先模式，并设置大光圈+高感光度的曝光组合来拍摄。如果主体人物的运动速度很快，那么最好将快门速度设置为快于1/500s，这样会更为保险。

光圈F2.8 | 感光度400 | 焦距200mm | 快门速度1/500s

如果要表现动静结合的画面效果，例如当舞台上出现一个或几个人物静止，而其他人物处于移动状态时，就适合使用较慢的快门速度来表现动静结合的画面效果，这时可以使用快门优先模式，此时的快门速度一般控制为1/60~1/20s，这样才能既保证对焦主体清晰，又能拍出移动人物的动感。

光圈F5.6 | 感光度320 | 焦距70mm | 快门速度1/40s

当然快门速度范围也不是完全绝对的，需要根据现场情况不断调整。例如下图两旁坐着人、一群舞者在中间旋转这种情况，我们就使用了2s的曝光时间来拍摄动静对比效果。

光圈F22 | 感光度160 | 焦距82mm | 快门速度2s

⑤测光和对焦。舞台的光线照射多为局部光效果，因此测光模式可以设置为点测光模式，对准被局部光照射的主体测光。由于主体处于不断的运动中，因此需要使用连续自动对焦模式拍摄。如果是拍摄动静结合的画面效果，那么需要切换对焦模式至单点单次对焦，对准相对静止的主体对焦。

光圈F1.8 | 感光度100 | 焦距50mm | 快门速度1/100s

⑥构图。使用大光圈+长焦距镜头拍摄舞台上的虚实对比画面效果，来突出主体是最常用到的方法之一。

光圈F2.8 | 感光度320 | 焦距160mm | 快门速度1/400s

大胆裁切，聚焦整齐划一的局部，可以更有效地吸引观看者的注意力，给观看者带去特殊的视觉感受。

光圈F1.4 | 感光度320 | 焦距35mm | 快门速度1/160s

贴近墙壁拍摄，可以借助墙壁的延伸作用，将视觉中心汇聚到主体人物身上。

光圈F1.4 | 感光度800 | 焦距35mm | 快门速度1/80s

⑦多重曝光。使用多重曝光可以拍出创意十足的趣味效果。在运用多重曝光时，除了要掌握下面要讲到的相机的设置方法外，还要注意多次拍摄时主体位置的安放，避免主体人物的头部出现重叠。

光圈F2.8 | 感光度320 | 焦距165mm | 快门速度1/125s

多重曝光的相机设置方法如下。

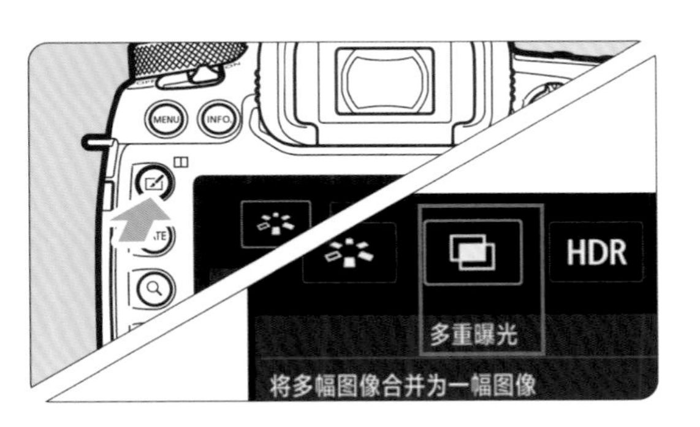

多重曝光

多重曝光	开:功能/控制
多重曝光控制	加法
曝光次数	3
保存源图像	所有图像
连续多重曝光	仅限1张

选择要多重曝光的图像

取消选择图像　MENU

01 按☑按钮，在相机液晶监视器上选择“多重曝光”，然后按 SET 按钮，进入设置菜单栏。

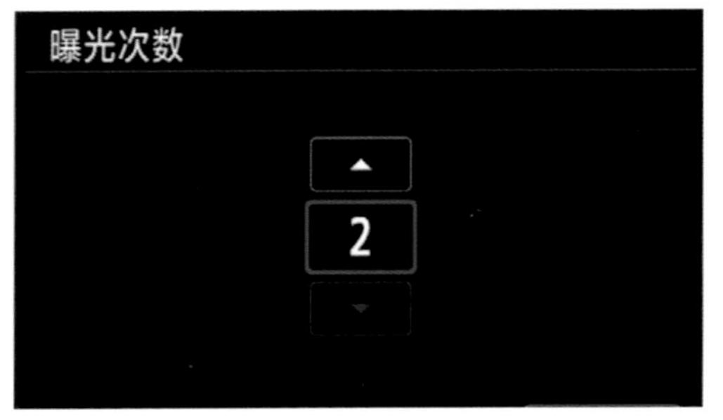

02 多重曝光的次数可以设置为 2~9。

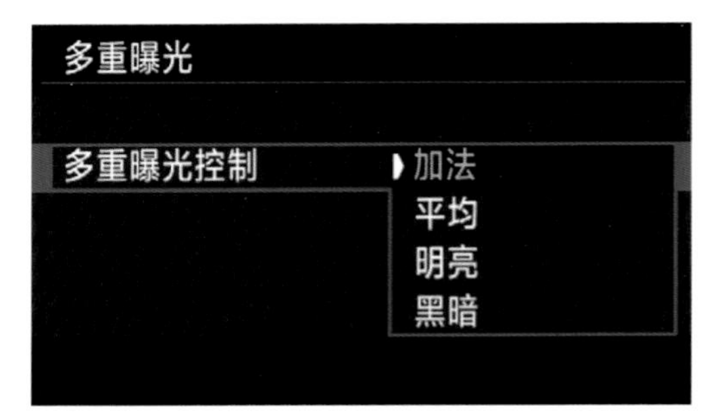

03 选择照片进行多重曝光的叠加方式。当选择“加法”时，每张照片的曝光会被累积添加；选择“平均”时，相机会自动设置曝光负补偿，以保证背景的曝光效果；选择“明亮”或“黑暗”时，会与底图进行比较，将明亮或黑暗的部分保留。

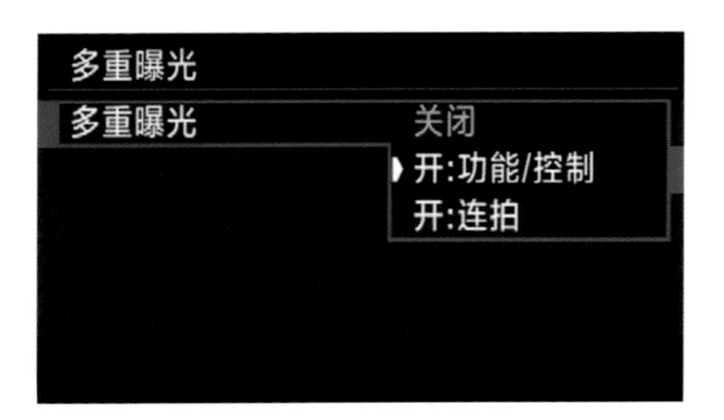

04 借助“功能 / 控制”可以在拍摄多重曝光的过程中，查看已拍摄的多重曝光效果，例如设定为拍摄 3 张后进行合成，那么拍摄两张后就可以按播放键查看拍摄两张的合成效果；“连拍”适用于在拍摄运动物体时进行连续多重曝光拍摄，这种模式下无法中途查看曝光效果，只能保存多重曝光合成后的效果，不能保存每一张拍摄到的效果。

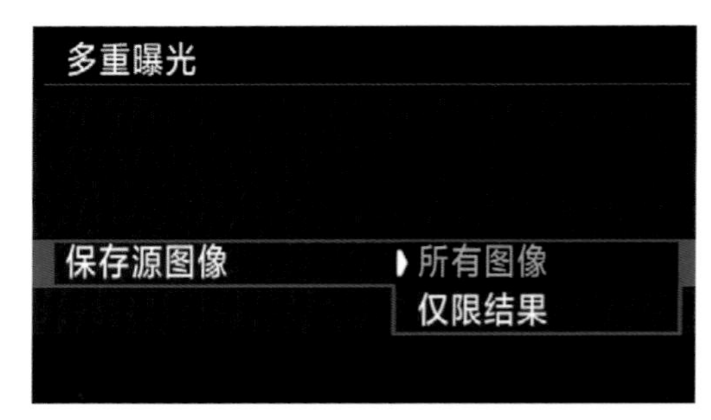

05 设置相机保存照片的方式，选择“所有图像”时，会同时保存单次曝光的每一张照片和多重曝光合并后的照片；选择“仅限结果”时，则只保存多重曝光合并后的照片。

多重曝光
仅限1张
连续多重曝光
连续

06 选择“仅限 1张”时，在拍摄完一组多重曝光照片后，相机将自动取消多重曝光，恢复正常拍摄；选择“连续”时，多重曝光功能会一直开启，要想关闭，则需要在第 4 步的菜单栏中选择“关闭”。

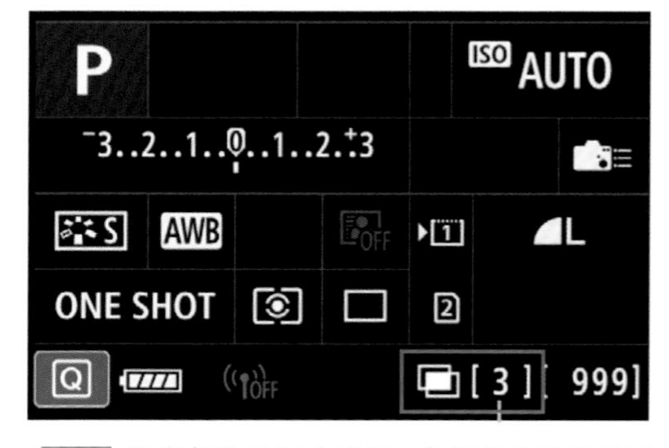

07 开启多重曝光功能后，在相机的液晶监视器上，可以看到开启多重曝光的标识以及剩余的可拍摄张数。

8.3 如何拍出组照的故事性

组照，顾名思义，就是一组照片，通常由3~10张照片组成。它是一种用镜头讲述完整故事的摄影技法。本节我们以码头渔事为例，讲解拍摄组照的基本要领。

①要有场景交代。首先，要有一张大场景的整体描述性照片，让大家对拍摄环境有一个大致的认识。如左图我们选择近景的渔筐作前景，既与远处的渔船形成呼应，又使照片看起来更加富有生活气息。

光圈F11
感光度200
焦距15mm
快门速度1/8s

②用全景交代一下环境和人物(或主体)的关系。介绍完场景后，我们需要寻找有表现力的个体进行重点突出表现，也就是描述故事情节。例如我们使用广角镜头贴近水面，仰拍渔夫撒网的场景，可以看到镜头前溅起的水花、扑面而来的大网，给人一种身临其境的感觉。

光圈F4 | 感光度160 | 焦距16mm | 快门速度1/640s

③用中、近景来展现主体。使用大光圈虚化背景，将想要重点刻画的人物与背景或者其他人物分离出来。

通过以上广角镜头和中长焦镜头的切换使用，可以有效丰富照片的景别变化，避免取景的单一和重复。

光圈F3.2
感光度100
焦距70mm
快门速度1/250s

④要有局部特写表达细节。在表现特写效果时，除了可以对人物进行肖像刻画外，我们还可以将视角放到局部的小细节上，对其进行重点突出，例如拍摄下图中的忙于织网的一双手，或者将镜头对准渔民的战利品——鱼虾拍摄。

光圈F6.3 | 感光度250 | 焦距98mm | 快门速度1/200s

光圈F8 | 感光度200 | 焦距55mm | 快门速度1/100s

8.4 如何拍好人文纪实照片

人文纪实照片以其特殊的人物情景氛围而深受摄影爱好者的喜爱，那么如何才能拍出与众不同的效果呢？接下来我们从环境信息、人物服装道具、光线氛围、特写、情感故事性和特殊技法几个方面来讲解。

①环境信息和人物服装道具。我们在拍摄人文类照片时，最先要想到的就是如何突出被拍摄人物的特殊性。最简单的方法就是通过表现人物所处的环境以及人物特殊的服装道具来体现。

光圈F11 | 感光度100 | 焦距50mm | 快门速度1/400s

左图是一张生动的剪影照片。来过这里的人会很容易辨识出这张照片拍摄于缅甸的茵莱湖，原因就是人物手中的捕鱼道具和夸张的动作所具有的特殊性。

光圈F5.6 | 感光度400 | 焦距105mm | 快门速度1/640s

类似的例子还有很多，例如左图拍摄的丽江演出，云南红土地的烟斗老人以及霞浦大榕树下的牵牛图等。虽然这些场景有“拍滥”的嫌疑，但我们要学习的重点是当遇到一些陌生的场景时，要学会利用场景和服装道具来突出人物。

②光线氛围。人文类照片更强调影调的深沉效果。例如右图是在弱光环境下出现了一缕强光，借助翻开的书本把光线反射到孩子的脸上，就很容易地拍出这种影调厚重的画面效果。拍摄时，使用点测光对准人物脸部测光，可以获得准确的曝光效果。

光圈F2.8 | 感光度400 | 焦距35mm | 快门速度1/160s

③特写。拍摄特写可以更清晰地表现人物特征，例如拍摄满是褶皱的双手，朴实的笑容或者忧郁的眼神等，都可以令人印象深刻。

光圈F2.5 | 感光度400 | 焦距85mm | 快门速度1/1250s

④情感故事性。表现人物情绪，让照片带有一定的情感色彩和故事性，无疑会使照片更具感染力。要想实现对人物情感的表达，需要重点突出人物的表情或眼神，而要实现照片的故事性，往往需要捕捉一些令人印象深刻的互动场景。例如右图通过拍摄老者柔情地靠在水牛身上的瞬间，让观看者深刻地体会到老者与牛之间相依为伴的情谊。

光圈F4 | 感光度200 | 焦距115mm | 快门速度1/80s

⑤特殊技法。首先，我们介绍使用推拉变焦拍摄出爆炸效果的方法。设置曝光模式为快门优先模式，快门速度控制为1/30~1/10s，由于快门速度较低，因此需要借助三脚架来稳定相机。对焦模式使用单点单次对焦，对准最终构图效果中主体出现的位置对焦并锁定，然后在按下快门的瞬间，快速转动镜头的变焦环，通过改变焦距来实现爆炸效果，这个过程既可以是从长焦端变焦至广角端，也可以是反过来变焦。

光圈F22 | 感光度64 | 焦距200mm | 快门速度1/30s

接下来，我们介绍另外一种特殊技法——摇拍。这种拍摄技法同样需要使用较慢的快门速度，通常控制为1/60~1/30s。拍摄时，设置曝光模式为快门优先模式，对焦模式为连续自动对焦模式，对准主体追焦拍摄，并沿着主体运动的方向平稳、匀速、水平地移动相机，同时按下快门，完成拍摄。

光圈F8 | 感光度100 | 焦距94mm | 快门速度1/60s

下面介绍一下摇拍的具体拍摄操作细节。

首先，保持相机稳定，水平移动。手持拍摄时，身体要站稳，两腿分开与肩同宽，双臂向两肋夹紧，双手握紧相机，形成稳定支点。在摇拍的过程中应屏住呼吸，尽可能地减少相机的上下晃动。不要靠手来移动相机，而应该用自己的身体做轴，通过转动身体来移动相机。

其次，控制按下快门的时机。摄影者应在运动主体进入视线时便开始追随，等主体到达与相机镜头成75°~85° 角位置时按动快门为宜。按快门的动作要轻柔而果断，以免用力过度导致相机晃动。要想成功地追随拍摄，关键就是要在移动中平稳地按下快门；按下快门后，不能停止镜头的追随转动，同时还要保持相机转动的速度和主体运动的速度一致，使被摄体始终保持在取景器中的相同位置，直到快门释放完毕。

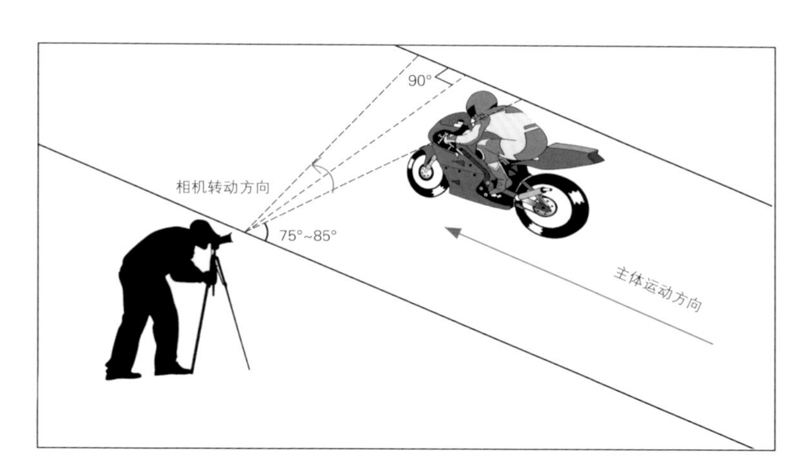

8.5 思考与练习

- **在节日庙会里，练习抓拍民俗表演**
- **在乡村集市，练习抓拍各色人物**
- **走上街头，练习拍摄各种市井生活**

第 9 章

其他类别摄影

9.1 如何拍出诱人的美食

面对诱人的美食，如何拍摄，才能将美食的色、香、味体现出来呢？本节我们将从基本的参数设置、场景布置、拍摄角度以及构图等几个方面入手，教大家拍出诱人的美食。

1. 器材准备

如果条件允许，尽量准备一支微距镜头，例如佳能EF 100mm F/2.8L IS USM 微距镜头。为什么要选择微距镜头拍摄呢？因为微距镜头相比普通镜头具有更大的放大倍率（通常为1：1）。

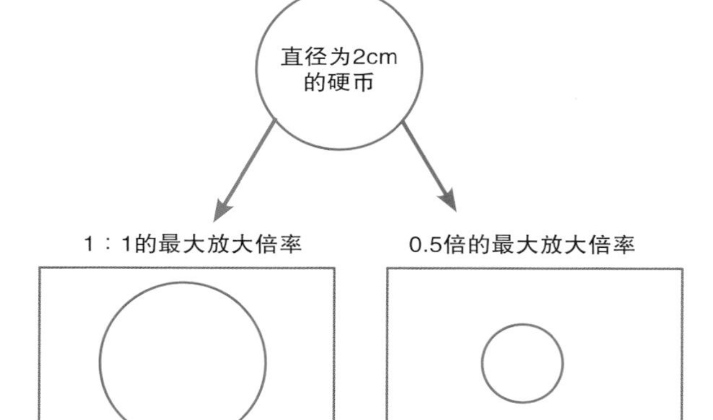

最大放大倍率是指在当前镜头的最近对焦距离下拍摄到的照片所能做到的把物体原尺寸按倍率还原到传感器里的影像尺寸。举例来说，我们拍摄一枚直径为2cm的圆形物体（以右图中的圆圈来代表），使用微距镜头，在最近0.3m对焦距离拍摄，就会在传感器上呈现等大的直径为2cm的影像。若使用0.5倍的最大放大倍率的普通镜头拍摄，那么在传感器上就会出现直径只有1cm的影像。因此使用微距镜头拍摄小型物体，可以获得比普通镜头更大的成像效果。

接下来，我们还需要准备三脚架、灯光照明设备（台灯或者离机闪光灯）和柔光板。三脚架可以在光线不足或景深太浅时发挥作用，灯光设备可以增加美食的光泽和质感，柔光板可以解决灯光直射时光线太硬的问题。

光圈F2.8 | 感光度100 | 焦距100mm | 快门速度1/30s

2. 设置曝光模式为手动模式

美食照片基本上都是在室内拍摄的，室内拍摄的优点是光线稳定，不需要反复调整曝光参数，因此使用手动曝光的效率最高。

3. 设置曝光三要素

拍摄美食一般根据景深的深浅来确定光圈的大小，由于各种景深都会用到，所以从大光圈到小光圈都可能会用到。光圈确定后，把感光度设置为相机的最低感光度，例如ISO 100，然后使用光圈优先模式测光，确定与之相匹配的快门速度。如果有三脚架，则按照匹配的快门速度切换到手动模式拍摄即可；如果没有三脚架且匹配的快门速度低于安全快门速度，则需要提高感光度，使与之匹配的快门速度保持在安全快门速度之上。

4. 布置场景

布景应掌握的基本原则

在进行美食场景布置的时候，应遵循以下4个原则：①有主有次，突出主体；②营造有远有近、有高有低、有聚有散的空间感；③色彩要和谐；④道具和美食要匹配。

菜品的搭配方法

①主菜可以搭配装饰配菜来布景。

光圈F5.6
感光度100
焦距50mm
快门速度1/125s

②主菜可以和这道菜的原材料搭配布景。

光圈F13
感光度125
焦距60mm
快门速度1/160s

搭配不反光的背景

使用麻布、木头、水泥地或有皱褶的变化不规律的布等纹理细节丰富的材料做背景，能给美食画面增色不少。

光圈F5.6
感光度200
焦距50mm
快门速度1/100s

5. 有趣的拍摄角度可以让美食更具新鲜感

美食摄影与人像摄影不同，人像摄影可以选择各种令人意想不到的角度来表达摄影者独特的观点，而美食摄影只有4种拍摄角度：平视、视线高度、四分之三角度以及俯视。

什么情况下使用平视角度拍摄

平视角度拍摄，即使用与美食高度持平的零角度拍摄。这种角度适合拍摄体积感较强、有一定的厚度和高度，侧面细节比较丰富的食物，也适合表现美食热气腾腾的氛围。

光圈F3.5
感光度320
焦距35mm
快门速度1/30s

小提示

在运用平视角度拍摄美食的时候，需要观察食物后面的背景是否适合入镜。如果背景杂乱，可以尝试使用大光圈虚化背景；如果虚化后仍然不理想，需要将食物放置到合适的背景前进行拍摄。

什么情况下使用视线高度角度拍摄

视线高度角度，也称为45° 角度。这种拍摄角度是美食摄影最常用的角度，它给观看者一种仿佛自己坐在餐桌前，可以立马拿起餐具大快朵颐的感觉，所以该角度也被称为令人最有食欲的角度，拍摄餐馆菜谱中的菜品照片时最常用到。

光圈F7.1
感光度50
焦距100mm
快门速度1/160s

什么情况下使用四分之三角度拍摄

四分之三角度类似于人们站在餐桌前看食物的角度，这也是大多数人看食物的角度。这个角度通常用于表现一些形态比较扁平的菜肴。

小提示 

采用这个角度拍摄，基本上会拍摄到所盛餐具的大部分形状。方形或圆形的餐具很有可能会因为透视关系而发生变形，这是美食摄影的大忌。因此在按下快门前一定要注意观察取景器里的画面，使主体物不要发生透视变形。

光圈F7.1 | 感光度100 | 焦距100mm | 快门速度1/160s

什么情况下使用俯视角度拍摄

俯视角度是垂直于美食上方的角度，是目前比较流行的美食拍摄角度，它可以满足美食摄影中的多种需求。

①用来展现比较完整的结构或画面。比如有些美食的造型讲究圆满富贵，如果从平视、视线高度或四分之三角度拍摄都无法完整呈现整个画面的话，就需要用俯拍来表现美食整体的圆满造型。

②需要拍摄的食物之间不存在明显的主次关系，想营造出一种琳琅满目的视觉效果，如丰盛的、满是食物的餐桌。

光圈F9 | 感光度100 | 焦距34mm | 快门速度1/200s

6. 构图的目的就是将美食做一个最优的“排兵布阵”

构图是美食摄影的一个关键环节，食物、道具的摆放位置对整个画面的视觉效果有着非常大的影响。讲究构图就是如何在有限的空间或平面中将这些精心烹饪的美食做一个最优的“排兵布阵”。

居中构图

居中构图法就是将主体放在画面的正中央。居中构图能着重体现所要刻画的主体，但一旦处理不好就会使画面显得呆板，无法给人以美感。所以在使用居中构图时，可适当增加一些配菜、装饰及小道具等，让画面显得更加生动有趣。

光圈F3.5 | 感光度400 | 焦距50mm | 快门速度1/100s

偏离中心构图

偏离中心构图就是将主体偏离正中心进行构图。这种构图有以下3个好处：一是如果画面中出现了相同的色彩、纹理，偏离中心构图的构图方式通常有助于打破画面的单调感；二是可以回避画面中不好看的部分；三是有助于增加照片的生动感。

光圈F3.5
感光度320
焦距60mm
快门速度1/60s

三分法构图

按照三分法构图安排主体和陪体，照片就会显得紧凑有力。

光圈F13
感光度100
焦距105mm
快门速度1/125s

斜线构图

使用斜线构图，可使画面变得更有立体感、延伸感和运动感。

光圈F3.5
感光度320
焦距35mm
快门速度1/30s

9.2 如何拍出花儿竞放的美景

当我们面对一片花海时，有哪些方法可以拍出美丽动人的花呢？下面我们就以几种常见的花卉为例，给大家提供一些简单的拍摄思路，帮助大家轻松拍出满意的花卉作品。

1. 把虞美人拍出唯美的感觉

我们可以按拍摄风光照片的思路拍摄大片的虞美人花海，将大面积的虞美人作为风光照片的前景进行突出，运用三分法构图使画面布局结构合理，这样就能形成近处的花海与远处温暖的霞光之间的呼应，在逆光的作用下，整个画面看起来既饱满又充满了勃勃生机。

光圈F8 | 感光度160 | 焦距24mm | 快门速度1/160s

除了可以拍摄大片的虞美人花海外，我们还可以寻找一些花型较好的单朵虞美人进行拍摄。例如拍摄右图时，使用大光圈+长焦距镜头有效虚化背景；运用侧逆光角度，使花瓣呈现出被光打透的玲珑美；使用点测光对准花瓣亮处测光，这样可以压暗背景；运用纵向三分法构图，将花朵安放在左侧三分线位置，实现了对主体的突出。

光圈F7.1 | 感光度400 | 焦距280mm | 快门速度1/125s

2. 把向日葵拍出暖洋洋的感觉

万朵向日葵在田间随风摇动，如同一片金色海洋，遇到这样的场景我们可以选择拍摄整片花海。由于向日葵的花朵较大，在拍摄时，要重点寻找近景中花型较好、稍高一点的花朵取景。

光圈F8 — 感光度200 — 焦距32mm — 快门速度1/200s

另外，使用微距镜头拍摄向日葵的花蕊也是很不错的选择。

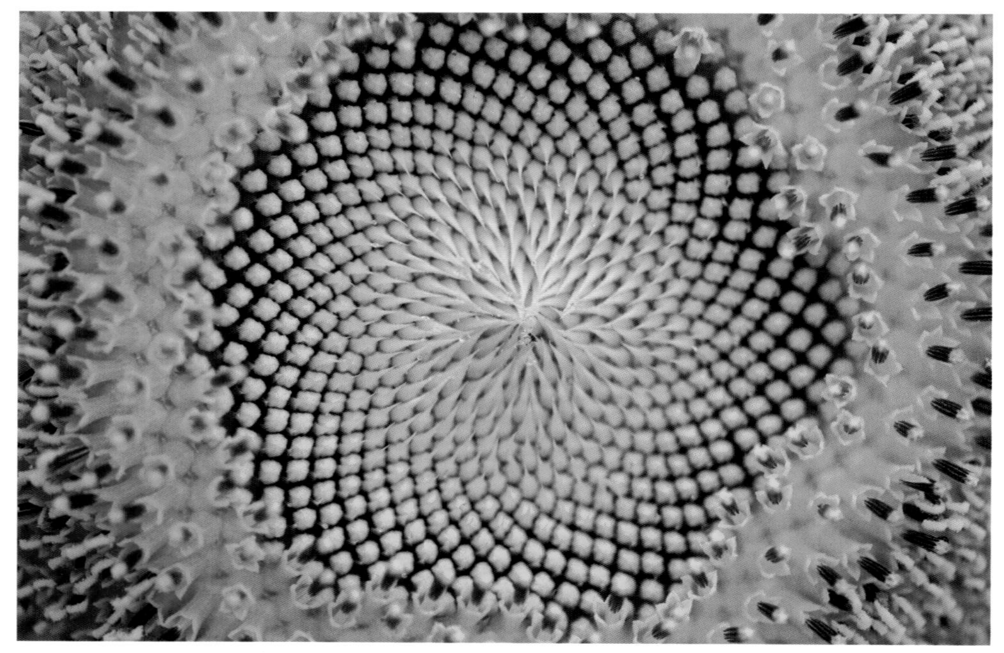

光圈F3.5 — 感光度200 — 焦距105mm — 快门速度1/250s

3. 把荷花拍出“出淤泥而不染”的高雅意境

接下来，我们以一组荷花为例，讲解拍摄荷花的一些常见思路。

说到拍摄荷花，我们最先想到的拍摄要领就是使用大光圈+长焦距拍摄，来获得梦幻的虚化效果。例如右图在虚化背景的同时，运用了纵向三分法，表现出荷花的洁净和亭亭玉立。

光圈F3.5
感光度100
焦距200mm
快门速度1/250s

如果我们再动点心思，那么可以考虑增加前景并进行虚化，让照片看起来更有梦幻感。例如拍摄下图时，在使用大光圈+长焦距的同时，将镜头贴近另外一朵荷花的花瓣，实现了前景最大的虚化效果。

光圈F2.8 | 感光度200 | 焦距200mm | 快门速度1/500s

前面介绍的两种虚化都是单纯地以荷花为中心进行构思拍摄，画面感较单一。更好的虚化表现手法是纳入一些环境因素进行表现，例如右图选取了隐约可见的廊桥做背景，与主体的荷花形成对角线呼应，这样既加强了画面的视觉空间感，也丰富了画面的想象空间。

光圈F14 | 感光度200 | 焦距200mm | 快门速度1/60s

除了采用虚化的方式拍摄荷花以外，我们还可以捕捉一些场景中的趣味性元素，例如下图拍摄到的忙于在花蕊间采蜜的蜜蜂，让单调的荷花照片多了一分生机。拍摄过程中，要注意两点：①对焦点要选择花蕊，而不能选择移动中的蜜蜂；②控制好快门速度，最理想的拍摄效果是能看到蜜蜂翅膀飞舞的动感效果，通常这个快门速度要控制为1/500~1/250s。

光圈F6.3 | 感光度100 | 焦距400mm | 快门速度1/250s

除了表现盛开的荷花以外，我们还可以关注落下的花瓣。在构图思路上，既可以像右图这样同时将荷花和落下的花瓣纳入画面，来更好地诠释“无可奈何花落去”的感伤，也可以像下图这样唯美地单独表现落下的花瓣。另外，在拍摄时，要尽量选择深色的背景，这样更容易烘托场景气氛，给人一种深沉的厚重感。当然，采用深色背景时，不要忘记减少曝光补偿，以获得准确的曝光效果。

光圈F4
感光度400
焦距200mm
快门速度1/1600s

光圈F2.8
感光度400
焦距200mm
快门速度1/3200s

9.3 如何拍出鸟儿优美的身姿

要想拍出好的鸟类作品，除了要有长焦镜头外，还需要掌握一些拍摄鸟儿的技法。

1. 控制曝光

鸟类的白色羽毛很容易出现过曝，对此我们需要使用点测光对准鸟的羽毛测光，这样既能保证羽毛的准确曝光，还能起到压暗背景、突出主体的作用。

光圈F4 | 感光度400 | 焦距400mm | 快门速度1/1000s

2. 准确对焦

在拍摄站立枝头、静止不动的鸟儿时，可以使用单点单次对焦，先使用中心对焦点对准鸟的眼睛（头部）对焦，然后保持半按快门，锁定对焦，再移动相机，重新构图，进行拍摄。

光圈F7.1
感光度2000
焦距500mm
快门速度1/500s

如果要拍摄飞鸟，就必须使用连续自动对焦模式，这样才能正确锁定焦点，确保焦点清晰。

在使用连续自动对焦模式时，还要选择适合的对焦区域进行组合。在较空旷的场合追踪高速运动的飞鸟时，最好使用对焦点覆盖范围大的全部对焦点区域对焦模式；而在障碍物较多的树丛中拍摄时，则要视情况选择对焦区域更小的定点对焦模式，这样才能有效绕开障碍物，对远处的飞鸟准确对焦。

光圈F2.8 | 感光度400 | 焦距300mm | 快门速度1/1250s

3. 快门速度合适

拍摄飞翔的鸟儿需要使用高速快门，快门速度最低不能慢于1/800s（大多数野生动物摄影师会将快门速度设置为快于1/2000s）。在光线较暗的环境下，要想实现这么快的快门速度就需要大幅度提高感光度，这也是一些被称为“打鸟利器”的旗舰机型需要具备优秀高感表现的原因。

光圈F6.3 | 感光度1600 | 焦距70mm | 快门速度1/2000s

除了采用高速快门来凝固鸟儿精彩的飞翔瞬间以外，运用中速快门拍摄，可以拍摄到鸟儿翅膀飞舞的动感效果，这一点和前文讲到的拍摄蜜蜂的思路一致。不同的鸟类翅膀振动的频率快慢不同，因此拍摄时使用的快门速度也是不相同的，通常大型鸟类的翅膀振动频率要低于小型鸟类。准确的快门速度需要通过现场的反复试拍来确定。

光圈F4 | 感光度200 | 焦距600mm | 快门速度1/250s

我们还可以借鉴前面学习的摇拍技法，拍出鸟儿的动感滑翔效果。在摇拍的过程中，如果快门速度设置得再慢一些，还可以拍出影动的抽象效果。

光圈F16
感光度200
焦距400mm
快门速度1/50s

4. 构图不宜过紧

在构图时保留一定的空间，既是为鸟儿留出继续飞翔的空间，也是为了强调环境的重要性，即画面要做到空而不旷。例如右图预留了一定的天空，同时加入了芦苇荡来丰富画面结构，避免了单纯拍鸟儿的单调。

光圈F5 | 感光度200 | 焦距500mm | 快门速度1/500s

9.4 思考与练习

- 练习借助窗户光拍摄诱人的美味佳肴
- 秋天练习拍摄光影中的树叶

第10章

快速后期

本章我们主要介绍如何使用Photoshop中功能强大的Camera Raw滤镜来进行快速修图，Camera Raw滤镜的功能很多，限于篇幅，这里我们就简单介绍本章案例中所用到的功能。（本书案例中所使用的Camera Raw为11.0版本，不同的版本会略有差异。）

①工具栏：在Camera Raw滤镜界面的顶部很直观地分布着多种常用功能的图标，以便操作者随时调取。

②变换工具：受镜头透视关系的影响，在使用广角镜头拍摄建筑风光时，会拍出建筑物倾斜的效果，通过该工具可以改善照片的畸变。

⑶污点去除工具：用于去除人物皮肤或脸部的痘痕。

⑷直方图：它直观地反映了照片的影调分布。我们在调整曝光时，可以借助直方图有效地控制曝光参数调整的尺度。

⑸调整选项栏：主要是针对照片的曝光、色彩、细节锐化以及镜头校正等方面的调整。

⑹基本面板：集合了照片的基础曝光、白平衡、饱和度及黑白转换等多个调整项。

⑺色调曲线：相比基本面板中的曝光调整，色调曲线的调整效果更好，可以更精细地调整画面的影调。

⑻HSL调整：在处理方式为颜色的模式下，拖动某个颜色滑块可以调整这一特定颜色的色相/饱和度/明亮度的值，而不会影响照片中的其他色彩。在黑白处理模式下，拖动某个颜色的滑块，可以改变原片（未转换为黑白照片时的彩色照片）中该颜色对应区域的明暗。

⑼打开图像：当我们在Camera Raw中调整完照片后，如果想要继续在Photoshop中继续调整照片，那么就单击“打开图像”按钮，这样照片将会在Photoshop中被打开。

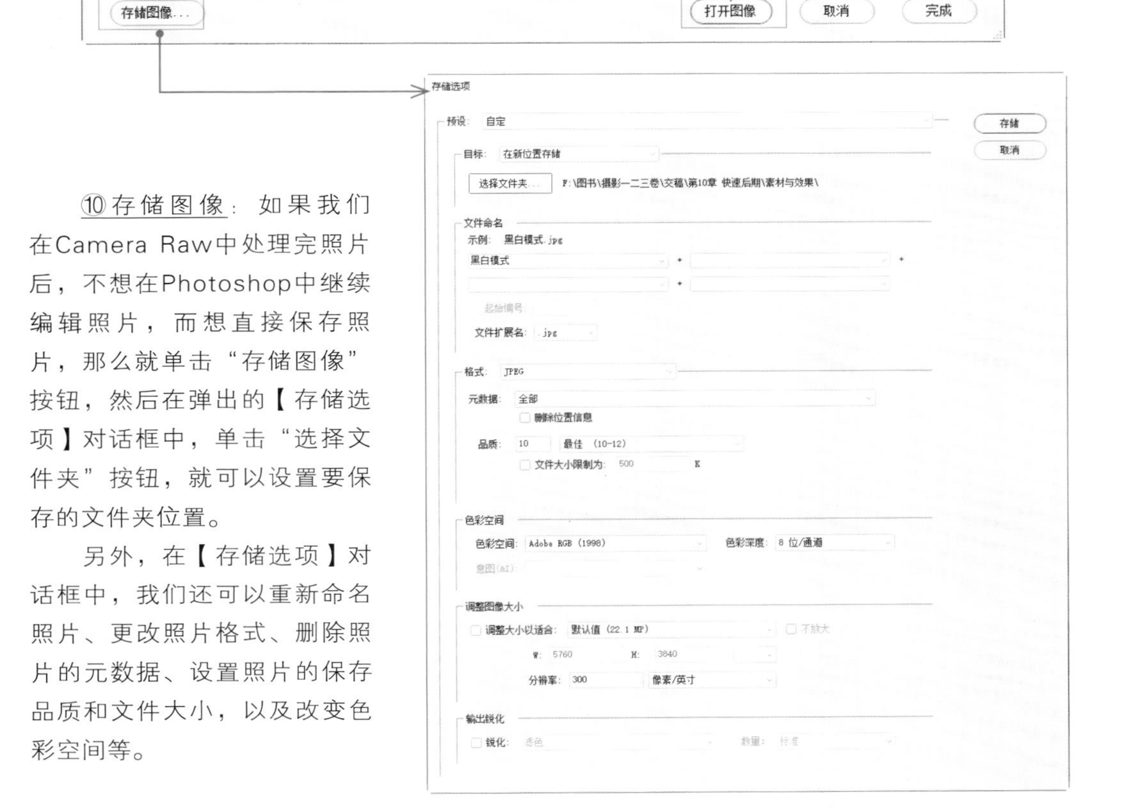

⑽存储图像：如果我们在Camera Raw中处理完照片后，不想在Photoshop中继续编辑照片，而想直接保存照片，那么就单击“存储图像”按钮，然后在弹出的【存储选项】对话框中，单击“选择文件夹”按钮，就可以设置要保存的文件夹位置。

另外，在【存储选项】对话框中，我们还可以重新命名照片、更改照片格式、删除照片的元数据、设置照片的保存品质和文件大小，以及改变色彩空间等。

10.1 3种方法提亮面部肤色

本节我们来学习如何单独提亮暗部，以及如何使用HSL调整面板中的明度选项来提亮人物的面部肤色。

后期思路

ⓐ **单独提亮暗部**

在基本面板中提亮暗部，并加强画面的明暗对比度。

ⓑ **柔化皮肤**

减少清晰度，柔化皮肤。

ⓒ **在HSL调整面板中提亮肤色**

在HSL调整面板中，拖动“明度”选项中的“橙色”滑块，提亮肤色。

01 在基本面板中调整曝光

分析照片，人物背光一侧较暗，需要进行局部提亮。首先，在“基本”面板中向右拖动“阴影”滑块，提亮暗部；然后，向右拖动“对比度”滑块，增强照片的明暗对比效果。

02 柔化皮肤

风光和人文类照片通常需要增加清晰度来提高画面的清晰度，而人像照片则需要减少清晰度来柔化皮肤。向左拖动“清晰度”滑块，降低清晰度，柔化人物皮肤。

03 在HSL调整面板中提亮肤色

在提亮肤色前，我们先来认识一下HSL调整面板中的3个色彩选项，即色相、饱和度和明亮度。我们可以分别通过色相、饱和度和明亮度，对常见的8种颜色进行调整。

我们先来看一下“色相”选项。以右图为例，由于原照片的主要色调为黄色和绿色，因此我们只能改变照片中的黄色和绿色的色相。向左拖动“黄色”和“绿色”滑块就可以改变其色相，拖动后可以看到原照片中的黄绿色偏向了黄橙色。

原图　　改变色相后

接下来我们来看一下“饱和度”选项。饱和度高，色彩艳丽；饱和度低，色彩黯淡。以右图为例，向左拖动“黄色”和“绿色”滑块，减少饱和度后，画面的色彩变浅。

原图　　减少饱和度

下面我们再介绍“明亮度”选项。明度越高，色彩越亮；明度越低，色彩越暗。以右图为例，向右拖动“黄色”和“绿色”滑块，增加明度后，画面色彩变得明亮起来。

原图　　增加明度

最后，介绍本例提亮人物肤色的方法。由于大多数人物的肤色会偏向橙黄色，因此在HSL调整面板中，选择“明亮度”选项，向右拖动“橙色”滑块，就可以提亮人物肤色。

10.2 4步祛除脸部痘痕

祛除人物脸部的痘痕有很多种方法，本节我们来学习如何通过工具栏中的“污点去除”工具来祛除痘痕。

后期思路

ⓐ 使用“污点去除”工具祛痘

使用“污点去除”工具，可以依次去除多个痘痕。

ⓑ 柔化皮肤

降低清晰度，柔化皮肤。

01 设置“污点去除”工具

单击工具栏中的“污点去除”工具按钮，右栏选项中的羽化值和不透明度保持默认即可，大小值要根据需要祛除的痘痕大小进行调整。按住鼠标右键移动可快速实现大小的调整。

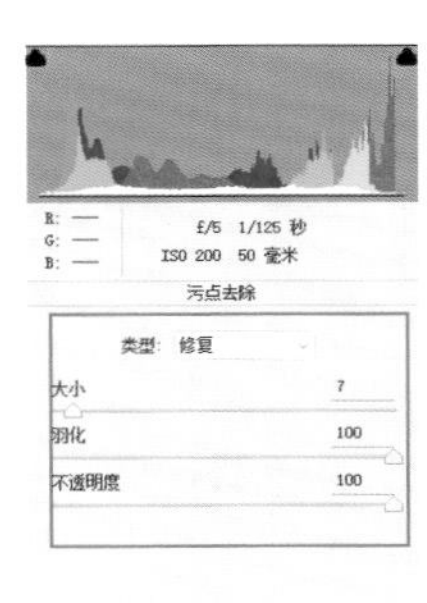

02 使用“污点去除”工具

移动鼠标，在人物面部痘痕处单击，画面中出现的红色指针线框代表选定的待调整的区域，绿色指针线框代表软件自动查找的取样区域，然后要调整的区域内容会被取样区域的内容替换。

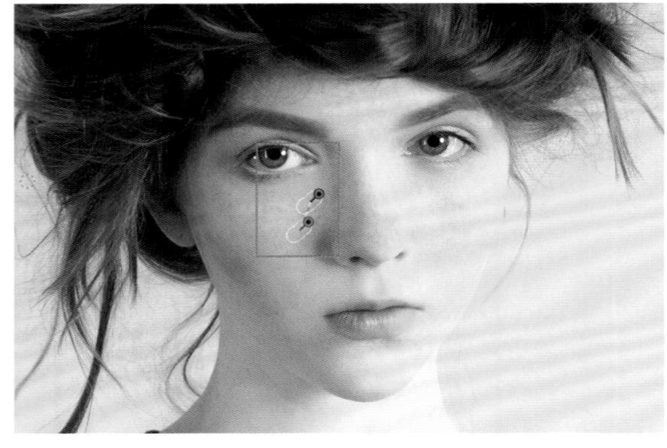

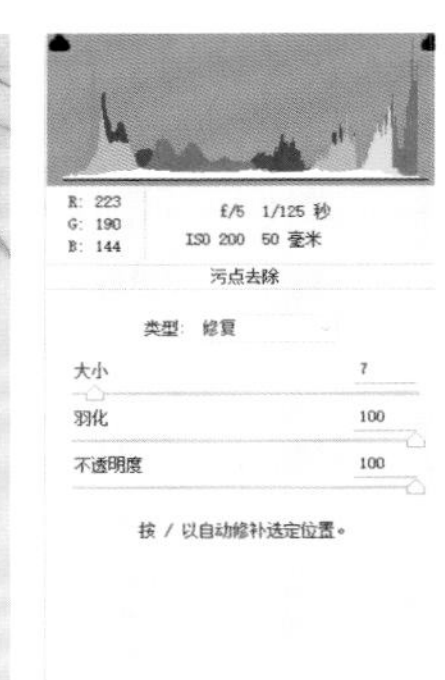

03 去除多个污点

要想去除多个痘痕，只需不断地单击选择痘痕就可以实现。针对调整不理想的区域，可以单击该位置的白色指针，当其被激活为红、绿色指针时，就可以拖动绿色指针重新选择取样区域；也可以直接按【Delete】键删除后，重新选点，进行调整。

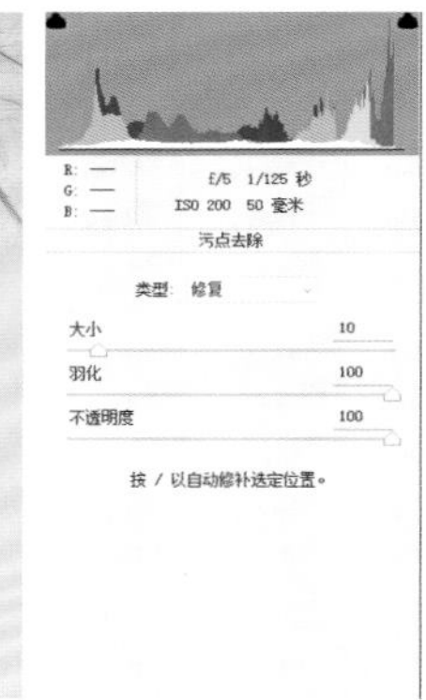

04 柔化皮肤

运用上一节学到的降低清晰度的方法来柔化人物皮肤。向左拖动“清晰度”滑块，进行柔肤，数值大小可通过视觉判断，应避免过度柔化。

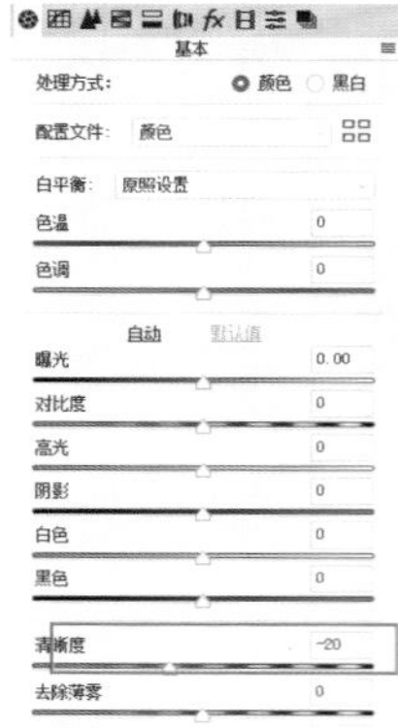

10.3 7步制作出影调丰富的黑白照片

黑白照片比彩色照片更强调明暗间的影调过渡，下面我们介绍用Camera Raw制作影调层次丰富的黑白照片。

后期思路

ⓐ 转换为黑白模式

在“基本”面板中，将照片转换为黑白效果，然后手动调整明暗影调。

ⓑ 微调明暗分布

在“黑白混合”面板中，先应用“自动”效果，然后手动拖动“颜色”滑块，微调明暗影调分布。

01 在“基本”面板中转换黑白模式

在Camera Raw中打开一张彩色照片，然后单击选择“黑白”处理方式，就可将彩色照片转换为黑白效果。

02 整体压暗画面

向左拖动“曝光”滑块，整体压暗照片，使画面看起来更加深沉。

03 增加对比度

向右拖动“对比度”滑块，增加画面的明暗对比度，接下来再进行局部的明暗调整。

04 单独压暗高光

向左拖动“高光”滑块，单独压暗人物右侧受光面的亮度。

05 单独提亮暗部

向右拖动“阴影”滑块，单独提亮暗部。

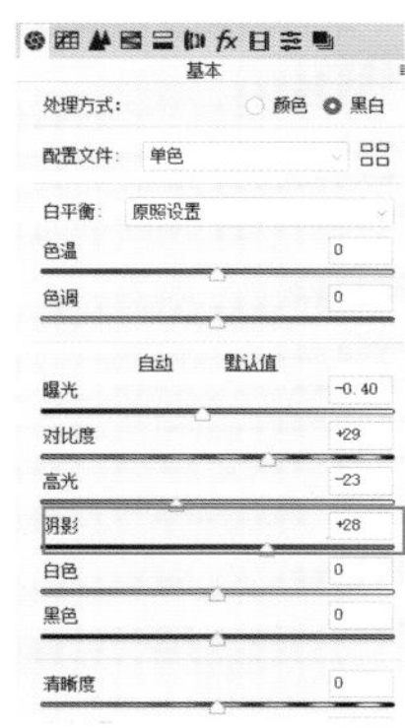

06 在“黑白混合”面板中，应用“自动”

不同照片的色彩分布是不相同的，因此需要调整的颜色滑块也会有所区别。为了更快速地改善明暗影调，我们可以先选择自动调整，然后在自动调整效果的基础上进行手动微调。

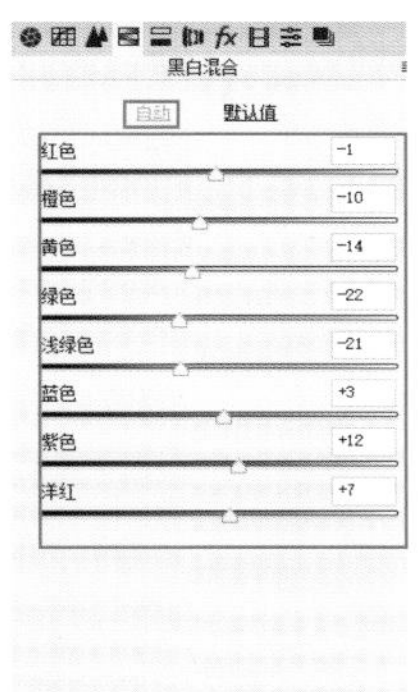

07 拖动“颜色”滑块，微调影调

针对上图应用“自动”后出现的脸部黯淡、不平滑的问题，我们需要运用前面学到的提亮肤色的方法，分别向右拖动“橙色”和“黄色”滑块，来提亮肤色，具体的数值要根据画面的变化来判断，以皮肤亮度适中且表面看起来平滑为准。

黑白混合
自动 默认值
红色 -1
橙色 +7
黄色 +1
绿色 -22
浅绿色 -21
蓝色 +3
紫色 +12
洋红 +7

10.4 两步让黯淡发灰的照片变通透

拍摄很绚丽的风光场景，有时拍出的照片却发灰，怎么才能让照片看起来更通透、更有立体感呢?

后期思路

ⓐ **增强明暗对比**

在“基本”面板中压暗暗部，同时增加对比度。

ⓑ **加深影调**

在“色调曲线”面板中，继续压暗暗部，并提亮高光，加强照片的影调效果。

这是一张黯淡发灰的照片，直方图的像素信息主要分布在中间调区域，照片的明暗对比效果不理想。下面介绍如何使用“色调曲线”面板来加强明暗对比度，使照片看起来更加通透一些。

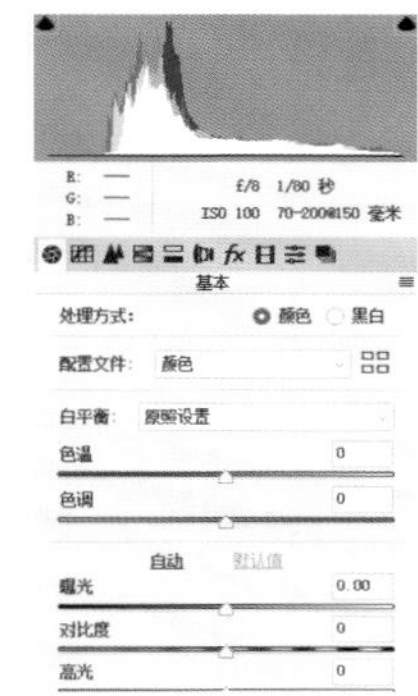

01 在“基本”面板中增强明暗对比

在“基本”面板中，向左拖动“黑色”滑块，压暗画面；向右拖动“对比度”滑块，增强画面的明暗对比效果。调整后的直方图像素信息分布区域增加，画面的对比效果得到了强化。

02 在“色调曲线”面板中加深影调

加深影调的思路是使暗部更暗、亮部更亮，从而加强明暗间的对比效果。在“色调曲线”面板的参数选项中，向左拖动“暗调”滑块，压暗画面暗部；向右拖动“高光”滑块，提亮画面亮部。调整后的直方图像素信息分布区域继续增加，画面的对比效果得到加强，黯淡发灰的照片变通透了。

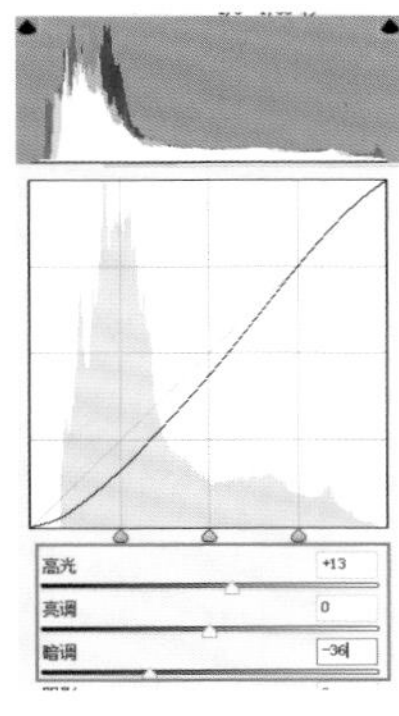

10.5 3步校正照片的畸变

受镜头透视关系的影响，在使用广角镜头拍摄建筑风光时，会拍出建筑物倾斜的效果，可以通过Camera Raw中的"变换工具"来改善照片的畸变。在校正的过程中，会出现周边像素丢失的情况。为了避免主要元素的丢失，我们在前期拍摄时，应该尽量避免构图太满。

后期思路

ⓐ **学习使用变换工具校正畸变**

学习自动、水平、纵向和完全校正的简单应用。

ⓑ **重点学习使用参考线校正畸变**

学习绘制水平线和垂直线，校正畸变。

扫码看视频

单击工具栏上的变换工具按钮，在右侧“变换”面板中有自动、水平、纵向、完全以及使用参考线5种调整选择。具体使用哪一种效果最好，需要根据不同的照片进行尝试。如果对以上默认的调整不满意的话，还可以通过拖动选项栏下方的参数项微调。

接下来，我们依次选择自动、水平、纵向和完全4个选项，可以看到针对当前例图，自动、纵向和完全3项校正的效果较为接近，也符合我们的畸变调整预期。

除了上述4种较为智能的畸变校正以外，还有一种使用参考线进行校正的方法也较为实用。操作时，需要绘制两条或两条以上参考线，以校正水平线和垂直线。

01 沿倾斜建筑物，拉出一条纵向参考线

选择参考线选项，沿着左侧倾斜的建筑物拖曳鼠标，拉出一条纵向的参考线，此时画面并不发生任何变化。

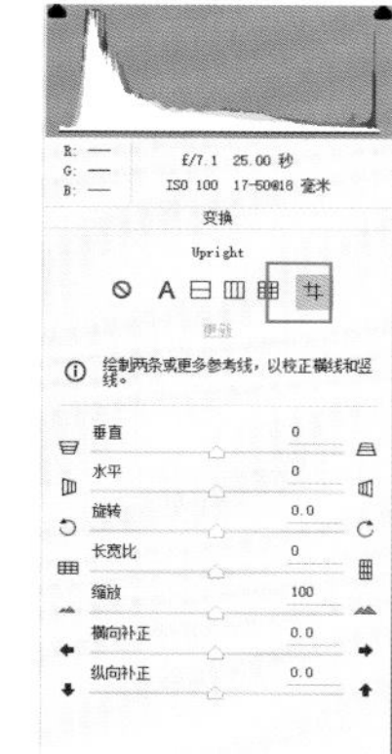

02 沿右侧建筑，拉出一条纵向参考线

沿着右侧倾斜的建筑物拉出一条纵向参考线，可以看到，原本向画面内侧倾斜的建筑被校正后，变得垂直。

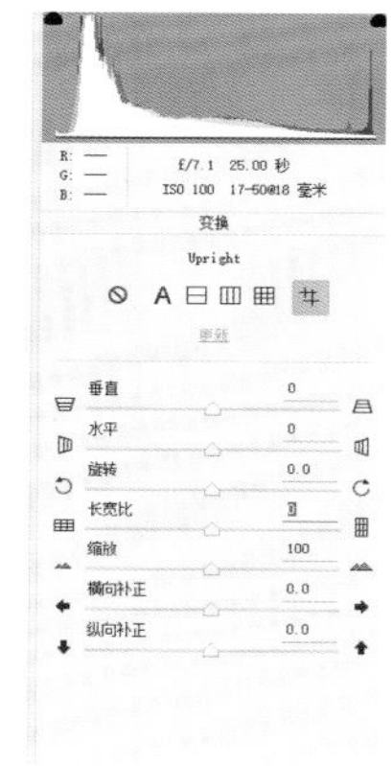

03 手动微调右侧参数项

由于校正过程中的图像像素偏移产生了透明像素，因此接下来还需要对校正后的参数进行微调，去除透明像素。

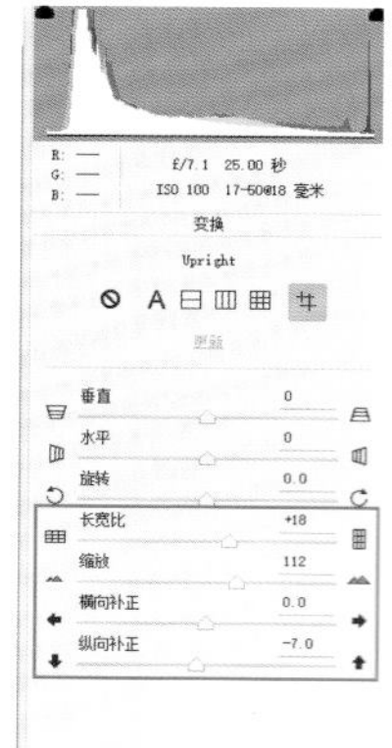

10.6 两步拼接全景照片

想要实现全景图片的效果，在拍摄时需要保证图与图之间有25%以上的重叠区域，并设置手动曝光、手动对焦，以保证拍摄的多张照片曝光和焦距一致。

后期思路

在Camera Raw中自动拼接全景照片

全选多张照片进行合成，注意不要勾选“应用自动色调和颜色调整”。

01 合并全景图

在Camera Raw中同时打开要拼接的6张照片，全选所有照片，然后单击“胶片”下拉选项，从下拉菜单中选择“合并到全景图”选项。

在弹出的“全景合并预览”对话框中，可以看到6张照片被拼接后的效果。大多数情况下，在选项框中设置球面、自动裁切选项后，就可以获得较好的拼接效果。另外，不建议勾选“应用自动色调和颜色调整”，色调的调整尽量在合成全景照片后进行手动调整。

02 存储为.dng格式

单击“合并”按钮，然后在“合并结果”对话框中选择要保存的文件夹，此时可以手动更改照片的文件名，保存的图片类型不可选，为数字负片（.dng）。DNG格式是Adobe定义的一种RAW通用格式文件，可以无损转换几乎所有的RAW格式。例如可以将佳能相机的CR2格式图片、尼康相机的NEF格式图片无损转换为Adobe定义的RAW格式（.dng）。

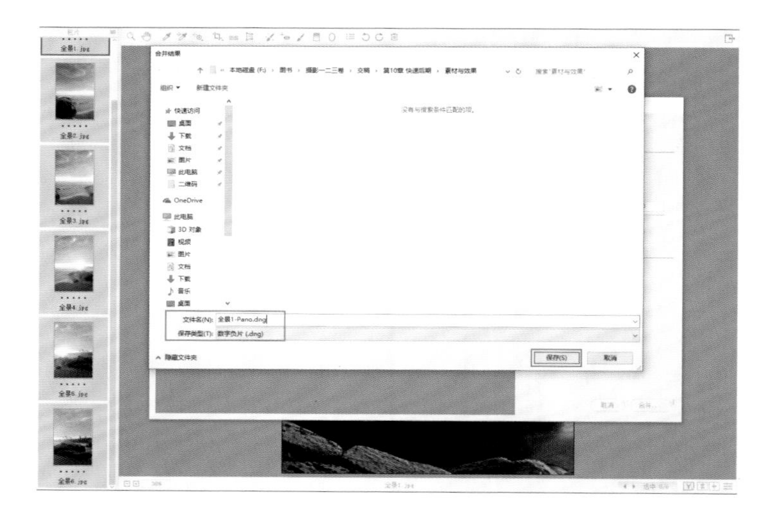

单击“保存”按钮后，文件夹中会新增全景图片的照片文件，同时拼接好的全景图会在Camera Raw中继续显示，以方便用户进一步调整曝光和色彩。

10.7 3步制作明暗细节丰富的HDR效果

在明暗光比比较大的场景下，曝光效果很难同时兼顾高光和暗部，这时可以拍摄两张或两张以上的照片，例如一张照片暗部区域细节保留较好，高光过曝，另外一张照片暗部区域欠曝，高光细节保留较好。然后通过Camera Raw中HDR合成功能，来同时还原场景的高光和暗部细节。

扫码看视频

后期思路

ⓐ 在Camea Raw中合成HDR效果

在Camera Raw中同时打开多张要合成的照片，进行HDR合成。

ⓑ 合成后手动调整曝光

手动调整HDR合成后的照片曝光。

暗部区域欠曝，高光细节保留较好

暗部细节保留较好，高光过曝

HDR合并后的效果

01 合并到HDR

在Camera Raw中同时打开两张照片，从“胶片”下拉菜单中选择“合并到HDR”选项。

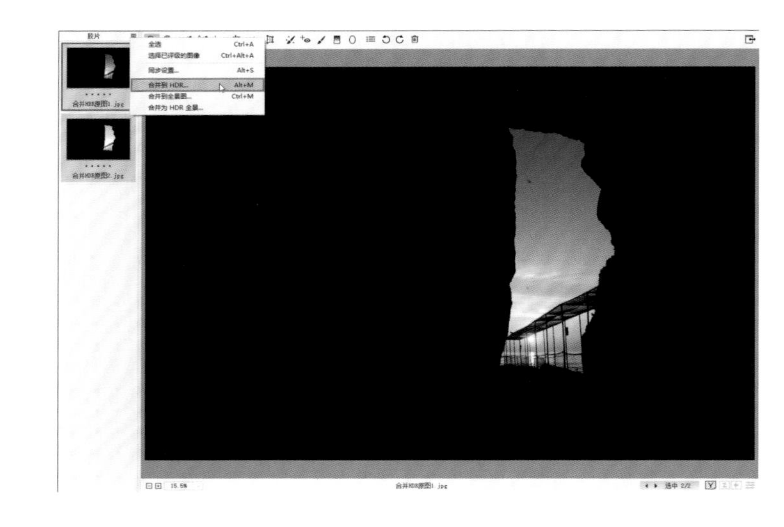

在弹出的“HDR合并预览”对话框中，保持默认的“对齐图像”选项，不勾选“应用自动色调和颜色调整”选项。“对齐图像”适用于合并的图像存在细微的移动时，例如手持拍摄时容易出现的轻微移动。

02 存储为.dng格式

单击“合并”按钮，在弹出的“合并结果”对话框中，选择要保存的文件夹，保存合并后的效果，这里的保存类型依然是.dng格式。

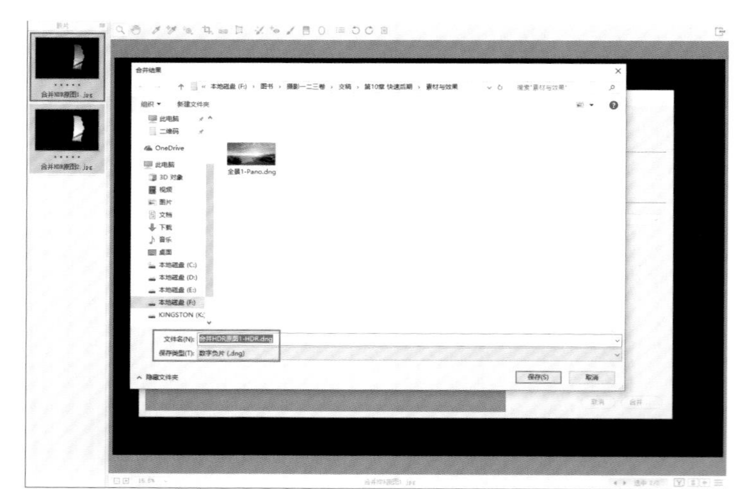

保存文件后，在Camera Raw操作窗口的左侧将新增刚才保存的.dng文件。

接下来，我们可以针对合成后的HDR照片做进一步的曝光微调。

03 手动调整HDR合成后的照片曝光

在“基本”面板中可整体提亮画面并增加对比度。向右拖动“曝光”滑块，整体提亮画面；向右拖动“对比度”滑块，加强明暗对比效果。

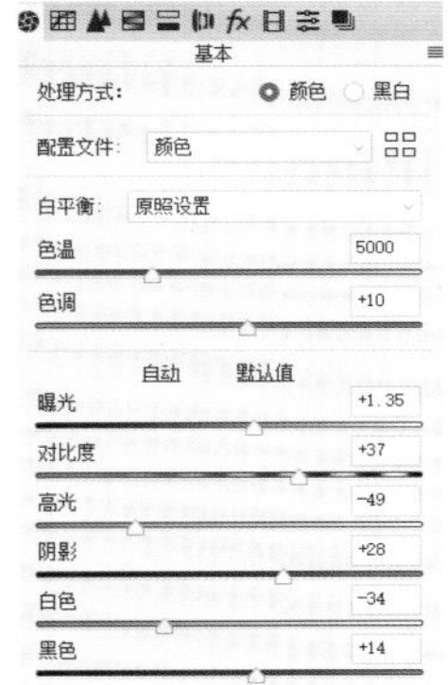

接下来要单独压暗亮部、提亮暗部，以便更精细地控制影调。分别向左拖动“高光”和“白色”滑块，压暗亮部；分别向右拖动“阴影”和“黑色”滑块，提亮暗部。这样就完成了基础的曝光调整。

10.8 思考与练习

- **什么样的照片适合转换为黑白效果**
- **熟练使用Camera Raw中的变换工具，针对不同的畸变情况进行校正**

图书在版编目（CIP）数据

摄影大讲堂 ：数码摄影完全自学教程 / 神龙摄影编著. -- 北京 ：人民邮电出版社，2019.6（2019.8重印）
ISBN 978-7-115-51206-2

Ⅰ. ①摄… Ⅱ. ①神… Ⅲ. ①数字照相机－摄影技术－教材 Ⅳ. ①TB86②J41

中国版本图书馆CIP数据核字(2019)第076584号

内 容 提 要

本书是一本通俗易懂的摄影入门书，系统、全面、深入浅出地讲述了摄影的各个方面。从器材与原理到光圈、快门、用光等专业术语的详尽解释，从摄影理念到通过照片传递拍摄者对美的表达，从人物、风光、纪实、花卉、动物、静物和舞台等不同拍摄对象或主题的拍摄技法，到后期的完美实现，本书都一一呈现。

本书图片精美，案例丰富，适合所有摄影从业人士以及摄影爱好者阅读，同时也适合大专院校作为教材使用。

◆ 编　　著　神龙摄影
　责任编辑　马雪伶
　责任印制　马振武

◆ 人民邮电出版社出版发行　　北京市丰台区成寿寺路 11 号
　邮编　100164　　电子邮件　315@ptpress.com.cn
　网址　http://www.ptpress.com.cn
　北京东方宝隆印刷有限公司印刷

◆ 开本：690×970　1/16
　印张：21.75　　　　2019 年 6 月第 1 版
　字数：540 千字　　　2019 年 8 月北京第 2 次印刷

定价：99.00 元

读者服务热线：(010)81055410　印装质量热线：(010)81055316
反盗版热线：(010)81055315
广告经营许可证：京东工商广登字 20170147 号